U1014332

方舆

行政区划与地名 1701

民政部地名研究所
中国地名学会 编

王胜三 浦善新 主编

中国社会出版社
国家一级出版社·全国百佳图书出版单位

图书在版编目(CIP)数据

方舆:行政区划与地名.1701/王胜三,浦善新主编;民政部地名研究所,中国地名学会编.—北京:中国社会出版社,2017.4

ISBN 978-7-5087-5646-2

Ⅰ.①方… Ⅱ.①王…②浦…③民…④中… Ⅲ.①政区—研究—中国②地名—研究—中国 Ⅳ.①K92

中国版本图书馆CIP数据核字(2017)第065763号

书　　名: 方舆·行政区划与地名1701
主　　编: 王胜三　浦善新
编　　者: 民政部地名研究所　中国地名学会

出 版 人: 浦善新
终 审 人: 胡晓明
责任编辑: 魏光洁　刘云燕　白晓虹
封面摄影: 速度中国项目组提供
助理编辑: 刘孝畅
责任校对: 田丽艳

出版发行: 中国社会出版社
邮政编码: 100032
通联方法: 北京市西城区二龙路甲33号新龙大厦422室
电　　话: 编辑部:(010)58124851
销售部:(010)58124851　58124855
网　　址: www.shcbs.com.cn
shcbs.mca.gov.cn
邮　　箱: qhdm_shcbs@sohu.com

中国社会出版社天猫旗舰店

印刷装订: 河北天普润印刷厂
开　　本: 185mm×260mm　1/16
印　　张: 15
字　　数: 240千字
版　　次: 2017年5月第1版
印　　次: 2017年5月第1次印刷
定　　价: 50.00元

中国社会出版社微信公众号

《方舆·行政区划与地名》编委会

主任委员：王胜三

委　　员：浦善新　胡晓明　宋久成　刘连安

李治国　王殿彬　李　波　徐忠建

赵　强　王　刚

主　　编：王胜三　浦善新

编辑部主任：庞森权　魏光洁　王殿彬

编辑部成员：田　硕　刘　静　乌日扎拉嘎

刘云燕　刘孝畅　白晓虹

夏　懿　张君艺

目录

CONTENTS

权威视界

地名探赜

地名二普

边界纪要

专家观点

学术争鸣

史海回眸

国际视野

体国经野

数字方舆

速度杯·“大美中国”地名故事征文

大地芳菲

文化长廊

地方风物

方舆传真

抓铁有痕　踏石留印
扎实做好区划地名和界线管理工作

柳　拯

2017年，摆在全国区划地名工作者面前的主要任务，是学习贯彻党的十八届六中全会和全国民政工作会议精神，回顾总结2016年区划地名和界线管理工作，谋划部署2017年工作。

一、回顾总结2016年区划地名和界线管理工作

2016年，全国区划地名系统坚决贯彻党中央、国务院决策部署，按照全国统一安排，精心组织，狠抓落实，扎实推进地名普查、区划、地名和界线管理工作，各项工作取得明显成效。

（一）党建工作切实加强

全国区划地名系统认真学习贯彻党的十八届六中全会精神和习近平总书记系列重要讲话精神，特别是关于"五大发展理念"、新型城镇化、优化行政区划、保护地名文化等重要论述，坚决贯彻落实全面从严治党各项要求，扎实推进党建工作，努力实现党建和业务工作双促进双丰收。不断增强党风廉政意识，坚持问题导向，规范区划调整和地名变更申报流程，完善审核制度和评估机制，严肃工作纪律和廉政要求，保证区划地名工作稳妥有序进行。强化地名普查资金管理，及时拨付普查资金，确保普查资金安全、规范、高效使用。以落实中央八项规定为核心，持之以恒推进作风建设，严格规范工作汇报、材料接收、督查调研、资金分配、项目委托等每个工作环节，严防"四风"问题死灰复燃。

（二）地名普查快速推进

各级地名普查机构围绕完成地名普查年度目标，切实加快地名普查工作步

伐。国家层面制定了第二次全国地名普查《验收办法》《多媒体信息采集规范》《成果数据入库验收办法》《档案管理办法》4 项制度，印发了“加快推进地名普查”“规范普查外包服务”“加强地名文化属性信息采集”“落实普查资金”“报送行政区域界线及界桩数据”5 个文件，北京、福建、山东、湖北、重庆、新疆等省（区、市）结合本地实际细化了普查质量检查、监督管理等方面规范文件，进一步完善了地名普查制度体系。积极协调落实地名普查资金，落实中央补助资金 7.46 亿元，各省级和市县级财政分别落实配套资金 2.65 亿元和 13 亿元。各级普查机构深化人员培训，加强普查宣传，强化工作督导，开展质量评价和监理，如期完成了年度40%、总量80%的普查任务。全国共调查地名1400 余万条。积极编制普查成果转化规划，除福建、陕西外，各省份均已完成规划编制任务。部署启动中华人民共和国标准地名图录典志编纂工作，完成地名普查数据库管理软件建设，启动入库检查工作，18 个省（区、市）按要求报送了本省份的行政区域界线及界桩数据。

（三）区划管理进展明显

起草报批了《设立县级市标准》《设立县级市申报审核程序》，重新启动撤县设市工作。推进《行政区划管理条例》制定工作，条例草案送审稿已上报国务院。制定《民政部行政区划调整审核办法》《民政部行政区划调整专家论证办法》《区划地名司行政区划调整审核规范》《区划管理处行政区划调整审核工作规范》《区划管理处岗位职责规范》等文件，提升了区划调整审核的科学性、规范性。审核报批 40 件县级以上行政区划调整事项，进一步优化了行政区划格局。加强政府驻地迁移管理，印发《民政部关于进一步加强政府驻地迁移管理工作的通知》。会同有关部门探索解决制约特大镇发展面临的体制机制问题。参与并指导国家新型城镇化综合试点单位开展相关试点，积极配合做好省直接管理县（市）体制改革、经济发达镇行政管理体制改革试点工作。

（四）地名管理持续加强

围绕贯彻落实习近平总书记关于地名工作重要讲话和批示要求，推进《地名管理条例》修订工作，组织制定外语地名汉字译写、地名标志等方面国家标准。国务院第二次全国地名普查领导小组印发《加强地名文化保护清理整治不规范地名工作实施方案》，召开全国视频会议，加强培训和督查，推动各地全面开展地名文化保护和清理整治不规范地名工作。组织开发地名地址库系统，推进地名地址库试点示范创建活动。印发《民政部关于进一步加强地名文化遗产保护工作的通知》，进一步完善了地名文化遗产保护制度措施。推进地名文化遗产保护名录建设，委托社会组织开展“千年古县”地名文化遗产认定工作。组织摄制地名文化纪录片，举办“一带一路”地名文化摄影展。浙江、安徽、湖北、湖南等地开展了古镇古村落地名文化遗产认定、地名知识竞赛、地名故事征集等地名文化活动。

（五）界线管理扎实开展

围绕维护边界地区和谐稳定目标，完成冀晋线等13条总长13629千米省界联检工作，完成年度县界联检任务。组织更换蒙黑线等4条省界上65颗省界界桩，开展桂滇线界桩更换检查。推进平安边界建设，规范开展平安边界创建考评，推动创建平安省界示范活动。研究修订《行政区域界线管理条例》，制定行政区域界线详图和界桩设置维护等行业标准。完成粤澳陆地界线界桩设置等界线勘定后续工作。稳妥做好界线纠纷调处工作。

在肯定工作成绩的同时，我们也要看到，与党中央国务院的要求相比，与国家经济社会发展大局需要相比，与人民群众日益增长的需求相比，区划地名和界线管理工作还存在不少差距和问题：一是各地工作进展不够均衡。一些地区地名普查工作紧迫性不强，组织协调不力，存在配套资金落实困难、过分依赖技术外包、质量管控不严、成果转化准备不足等问题，普查工作进度滞后于全国统一的普查时限要求。部分地区在行政区划和地名管理上存在重审核报批、轻日常管理，重调整申报、轻规范建设的问题，区划调整和地名命名更名论证评估工作机制和管理监督制度还不够健全。个别地方界线联检不深入、不扎实，联检报告上报不及时，部分行政区划调整后没有及时勘定界线。二是抓落实不够有力。2016年年初起，围绕普查、区划、地名和界线管理工作，党中央、国务院和民政部先后出台了一系列政策制度。但政策制定出台后，有的地方没有结合本地实际研究制定具体政策措施，只是机械转发上级文件，存在抓落实不及时、不到位、不够有力的问题。特别是在地名普查进度督查和质量管理、区划调整材料审核把关、不规范地名清理整治、界线检查督导和纠纷隐患处理等方面，抓落实的及时性、有效性还有进一步改进提升的空间。三是干部队伍能力还需提升。部分干部理念、作风、能力与承担的任务不相适应，缺乏开拓进取精神，有等、靠、要思想，有畏难情绪，在争取政府领导重视、协调有关部门支持、动员社会力量参与、推进改革创新等方面主动性不足、办法不多。四是基层工作力量比较薄弱。一些县级民政部门没有配备专门的区划地名工作人员，人手少且多为兼职，缺乏相应工作经费和手段，影响工作正常开展。我们要在认真总结一年来工作成绩经验基础上，深入剖析存在问题及原因，主动适应新形势新要求，进一步增强工作的积极性、针对性和有效性，全面推进区划地名工作改革创新发展。

二、切实做好第二次全国地名普查工作

第二次全国地名普查是国务院作出的决策部署，是当前民政工作、区划地名工作的一项重大任务。各级地名普查机构要从贯彻党中央、国务院决策部署的高度，切实增强完成地名普查的主动性和紧迫性，进一步加大工作力度，按时保质完成今年地名普查各项工作，为明年圆满完成普查任务奠定坚实基础。

（一）加快普查进度，按时完成阶段任务

按照《第二次全国地名普查实施方案》，今年 6 月底前要全面完成地名普查第二阶段任务，时间紧、任务重。各地要进一步提高思想认识，创新工作理念，突出工作重点，确保按时完成内业整理、外业调查和普查验收任务。一是要增强紧迫意识。各地特别是普查进度落后地区，要把思想统一到国务院地名普查领导小组的统一部署上来，进一步加强组织领导，对照普查时序安排，切实加快普查工作步伐。目前尚未完成内、外业调查工作的地方，要结合本地实际，采取有效措施，积极破解制约普查进展的困难和问题，尽快迎头赶上，确保如期提交完整的、可供验收的普查成果。二是要提高普查效率。要进一步拓宽思路，创新方式，充分应用普查软件、验收系统等先进技术手段，搞好有关部门沟通协调，加强对外包服务单位的指导和监督，提高普查工作成效。三是要落实普查保障。进一步加强业务培训，落实、使用好地名普查资金，加强地名普查宣传，创新宣传方式，积极展示地名普查成果，广泛宣传地名普查先进人物和典型事迹，为地名普查顺利进行创造良好环境。

（二）严格普查验收，确保普查成果质量

验收是普查实施阶段的终审环节，是保证普查成果的关键举措。2016 年 12

月，国务院地名普查办印发了《地名普查验收办法》，明确了普查验收的程序、内容、要求等规定。各地要根据验收办法，规范程序，严格标准，认真开展普查验收工作。一是要规范组织实施。普查验收实行分级负责制。各级普查办要牢固树立责任意识，认真履行验收主体职责，科学谋划、部署和实施本级验收工作。要加强普查质量控制和评定，严格自下而上申请，逐级审核报验。验收通过后，要按照《第二次全国地名普查成果数据入库验收办法》要求，及时做好成果数据汇总、报送工作，确保数据顺利入库。为做好入库检查工作，目前尚未报送行政区域界线界桩数据的省份，必须于3月底前完成报送工作。二是要严守验收时限。各地要结合普查进展情况制订验收计划，合理安排自查、核查、验收及报审工作的时间、流程，统筹安排省（区、市）内各市县验收工作，确保3月底前完成省级验收和上报审核工作。国务院地名普查办将根据各省（区、市）上报情况，于第二季度开展国家审核验收工作，对发现的问题将及时反馈各省级普查办修正。各地要根据反馈意见，于6月底前完成修改完善工作。三是要严格验收质量。各地要组建专门验收队伍，开展验收工作专项培训，全面掌握普查验收和质量评价标准，提高检查验收标准化程度。要强化纪律意识，严格遵守相关制度规范，确保验收工作客观、公正。对检查验收过程中弄虚作假、伪造分数、敷衍失责的，要追究相关人员责任。

（三）加快成果转化，提高普查综合效益

普查成果验收工作完成后，下半年地名普查即转入第三阶段，主要任务是进行成果完善、上报和汇总，开展普查成果转化利用。各地要紧密结合普查工作进展，积极推进普查成果转化。一是要抓好成果转化规划落实。个别尚未出台地名普查成果转化规划的省份，要抓紧完成规划编制任务。已经出台规划的地方，要大力抓好规划实施，确保各项规划任务落到实处。二是要抓好图录典志编纂工作。编纂地名图录典志是普查成果转化的重要内容。去年6月，国务院地名普查办召开视频会议进行了部署。各地要按照全国统一要求，做好国家标准地名图录典志编写工作，当前要重点做好词典第一部分词目表编制及释文编写工作；同时要抓紧启动实施本省、市、县三级图录典志编纂工作。三是要做好普查档案工作。各地要按照《第二次全国地名普查档案管理办法》要求，抓紧制定本省份地名普查档案管理和检查验收规范，做好地名普查档案立卷归档工作，确保普查档案应归尽归、齐全完整。

三、扎实做好2017年区划地名和界线管理工作

2017年，全国区划地名系统要全面贯彻党的十八大和十八届三中、四中、五中、六中全会精神，深入贯彻习近平总书记系列重要讲话精神，贯彻落实全国民政工作会议要求，按照统筹推进"五位一体"总体布局和协调推进"四个全面"战略布局要求，以贯彻落实党中央、国务院决策部署为核心，以完成地名普查验收、优化行政区划、加强地名管理为重点，坚持问题导向，夯实法治基础，狠抓规范管理，强化督促落实，以全面从严治党要求统领、推进区划地名和界线管理事业实现新发展。在着力完成地名普查这一重大专项任务的同时，全面做好区划、地名和界线管理工作：

（一）进一步优化行政区划设置

行政区划工作要全面贯彻落实国务院关于深入推进新型城镇化建设的若干意见，发挥行政区划推动区域协同发展重要作用。一是要进一步加强行政区划管理法治建设。协调出台《行政区划管理条例》，为加强新时期行政区划管理工作提供根本法治遵循。各地要同步开展本地区行政区划管理法规制度建设研究工作，待国务院条例出台后，尽快制定本地区相关配套实施细则。二是要规范有序开展行政区划调整审核报批。严格落实《设立县级市标准》和《设立县级市申报审核程序》，充分认识新时期开展设市工作的重要意义，有序做好设立县级市审核上报工作。同时，针对行政区划设置中存在的突出矛盾和问题，审慎稳妥开展设立市辖区、政府驻地迁移等县级以上行政区划调整审核报批工作。各地还要进一步加强乡镇、街道设置调整审核把关，严防个别地方借设镇、设街道人为拉高城镇化率的错误做法。此外，近日国务院办公厅印发了《关于促进开发区改革和创新发展的若干意见》，文件明确"开发区管理机构作为所在地人民政府的派出机关"，要"逐步理顺开发区与代管乡镇、街道的关系，依据行政区划管理有关规定确定开发区管理机构管辖范围"。这是我国第一个关于各类开发区的总体指导文件，赋予了我们新的管理任务、管理职责，对开发区管理提出了新的要求，各地要尽快开展开发区代管乡镇、街道情况摸底调查工作，为合理、规范确定开发区管辖范围提前做好相关工作准备。三是要着力提升行政区划管理规范

化、科学化水平。各地要下气力制定出台或健全完善本地区行政区划调整审核办法、专家论证办法、风险评估办法、档案管理办法等制度。要围绕行政区划调整,健全完善相关工作机制,一方面,健全完善调整前论证评估工作机制,制定论证评估细则、丰富论证评估内容、完善论证评估手段、强化论证评估应用;另一方面,着力加强调整后跟踪督导工作机制,加强宣传和舆情监测、实施过程督导、强化调整效果跟踪评估。要着力加强行政区划日常管理工作,进一步严格执行乡镇、街道调整备案制度,严格落实《民政部关于进一步加强政府驻地迁移管理工作的通知》,严肃认真开展政府驻地迁移监督检查工作,并将监督检查情况及时报民政部。四是要着力加强行政区划管理基础支撑。要加强行政区划基础理论研究,为行政区划调整申报打好理论基础;探索开展设市设区预测与战略规划工作,将研究成果作为审核报批区划调整的重要参考依据;建立健全行政区划专家库,培养和打造一支素质过硬的行政区划专家队伍;探索建立行政区划基础信息数据库和统计数据信息共享机制,为加强行政区划管理夯实工作基础。

(二)进一步加强和改善地名管理

地名管理工作要深入贯彻落实习近平总书记关于地名工作的重要讲话和批示精神,以地名文化遗产保护、不规范地名清理整治、地名地址库试点示范创建活动为抓手,进一步规范地名管理,健全地名公共服务,深化地名文化建设,不断提高地名管理法治化、规范化、科学化水平。一是要完善地名管理法规标准。部里将积极推动修订《地名管理条例》,制定《地名标志管理办法》,组织制定修订地名命名更名、外语地名译写、地名文化遗产保护等方面标准。由于全国性法规制修订工作需要协调的部门多,周期相对较长,各地不要被动等待国家条例出台,要结合实际工作需要,积极研究制定地方性地名管理法规标准,为全国性法规标准出台探索经验。二是要推进地名标准化建设。要按照国务院地名普查领导小组印发的清理整治不规范地名实施方案,结合地名普查,深入推进地名文化保护、清理整治不规范地名工作,切实清理“大、洋、怪、重”等不规范地名现象。要严格地名命名更名审核论证,规范审批权限和程序,继续推进地名规划工作,建立地名命名、更名、注销长效机制,从源头上遏制新的不规范地名产生。要组织开展地名用字读音研究和审定工作,积极开展外语地名译写和发布工作,营造规范的地名使用环境。三是要深化地名公共服务。要推进地名地址库试点示范创建活动，对各地试点示范进行检查评估，适时确定一批地名地址库建设示范地区。要加强地名标志设置管理，根据城乡建设发展需要和地名命名更名情况及时补充设置地名标志，积极探索设立二维码、智能芯片等反映更多地名信息的新型地名标志，形成地名标志设置管理维护长效机制。要积极推进地名信息化建设，创新应用“互联网+”“大数据”等信息技术，结合智慧城市建设，不断创新地名公共服务方式和内容。四是要加强地名文化建设。1月26日，中办国办印发《关于实施中华优秀传统文化传承发展工程的意见》，对保护弘扬中华优秀传统文化作出系统安排，并明确要求“推进地名文化遗产保护工作”。我们要认真学习领会中办国办《通知》精神，深入推进地名文化发展繁荣。要按照民政部《关于进一步加强地名文化遗产保护工作的通知》要求，结合地名普查深入开展地名文化遗产资源调查，深化地名文化资源挖掘保护。要在全面调查、科学论证的基础上，编制实施地名文化遗产保护规划，突出地方特色，打造地方地名文化遗产保护亮点和品牌。民政部将适时确定一批全国地名文化遗产保护示范地区和项目。要推动建立国家、省、市、县四级地名文化遗产保护名录体系，分级分类分批开展古城（都）古县、古镇、古村落、古街巷地名以及甲骨文（金文）地名、少数民族语地名、著名山川地名、近现代重要地名等重点地名文化遗产认定工作，形成一批有代表性的地名文化遗产名录。要加强地名文化遗产传承与管理，深化地名文化遗产保护研究、利用和弘扬，组织开展地名文化保护活动，大力提高地名文化的影响力和知名度，增强全社会的保护意识。

（三）进一步规范界线管理

界线管理工作要以创建平安边界为引导，以界线联检、界桩更换及示范活动为手段，积极维护边界地区和谐稳定。一是要深入推进平安边界建设。全面完成2016年度平安边界创建考评，规范开展2017年度平安边界创建考评，开展平安省界创建示范活动，推动边界文化建设，加强界线管理宣传，完善平安边界创建长效机制。二是要扎实开展省界联检。组织完成京冀线等13条省界联检任务，指导开展县界联检工作。推进界线管理规范化建设，组织研究制定行政区域界线详图和行政区域界线勘定行业标准。三是要加强界桩管护。民政部将选取2~3条省界继续开展界桩更换工作，有条件的地方要按照新的界桩标准更换县界界桩。加强界桩更换督查，确保界桩更换进度和质量。四是要稳妥调处边界纠纷。要严格按照《民政部关于做好行政区划变更后勘界工作的通知》，做好相关界线勘定工作。加强边界纠纷隐患排查，及时调处因行政区域界线认定不一致等问题引发的矛盾纠纷，建立完善边界纠纷综合防控体系。

四、全面加强区划地名系统自身建设

全国区划地名工作系统要按照全面从严治党新要求，适应区划地名和界线管理工作新任务新需要，进一步深化学习、转变作风、提升能力、建好队伍，为区划地名和界线管理工作创新发展提供有力保障。

（一）深入学习贯彻党的十八届六中全会精神

全国区划地名系统干部要进一步深入学习贯彻党的十八届六中全会精神和习近平总书记系列重要讲话精神，特别要深入学习习近平总书记关于民政工作、关于区划地名工作的直接指示和要求，用中国特色社会主义理论指导区划地名工作，始终保持区划地名工作正确方向。要全面落实《关于新形势下党内政治生活的若干准则》《中国共产党党内监督条例》等党内法规，坚持完善民主集中制、密切联系群众等党建工作制度，把全面从严治党各项要求贯彻落实到每一项区划地名工作中。要牢固树立“四个意识”特别是核心意识和看齐意识，牢固树立“民政为民、民政爱民”的民政工作理念，强化对事业的热情、对工作的激情和对群众的深情，围绕中心，服务大局，上下同心协力，不断把区划地名事业提升到新水平。要积极挖掘、大力宣传区划地名工作特别是地名普查工作中涌现的先进人物和典型事迹，弘扬区划地名系统艰苦奋斗的优良传统作风，加强干部队伍建设，打造忠诚干净担当的区划地名工作队伍。

（二）狠抓党风廉政建设

要深入贯彻十八届中央纪委七次全会精神，切实加强区划地名系统党风廉政建设和防腐败工作。要落实党风廉政建设主体责任和监督责任，严密防控行政区划调整领域廉洁风险，抓好已出台各项办法、各种规范的执行落实，把廉洁纪律和工作要求落实到每一个工作环节和方面。要进一步完善监督机制，将自我监督、党内监督和社会监督相结合，及时发现和消除各种隐患，对发现问题严肃追究责任。要切实增强纪律意识和规矩意识，筑牢思想防线，持之以恒抓好中央八项规定精神的贯彻执行，坚决防止“四风”反弹回潮，确保区划地名系统风清气正、干净廉洁。

（三）切实抓好工作落实

一分部署，九分落实。各地要坚决贯彻落实中央部署和要求，紧密结合本地实际，出台本地区可操作的配套政策措施。要坚决抓好政策落实，把文件落实到基层、到群众身上去，通过一件件区划调整、地名服务、界线勘定具体事项给群众带来获得感。抓好领导同志批示指示、重要决策部署、重要文件的督办落实，做到件件有督办，事事抓落实。对边界纠纷、区划调整群体性事件等突发情况，要及时处理，及时报告。要强化对政策落实的督查，突出目标导向、问题导向和效果导向，综合利用随机抽查、第三方评估等方式，搞好地名普查、区划调整、不规范地名清理整治等重点项目督查评估，以抓铁有痕、踏石留印的劲头抓好落实。

（四）加强基础基层工作

要进一步健全工作制度，完善绩效考核、经费管理、会议培训、课题管理、调查研究、督查督导等工作规定，提高会议办理、文稿起草和调查研究质量，确保各项工作规范高效进行。各地上报的区划调整材料、地名普查信息等务必要实事求是，准确无误，绝不能有故意隐瞒、造假行为。要深化区划地名和界线管理政策理论研究，拓展研究领域，壮大研究力量，提升研究的针对性和有效性。各省级、地级民政部门要加强对基层区划地名和界线管理工作的指导与支持，协助基层充实工作力量，创新思路方式，推动基层工作不断创新发展。

（摘编自民政部区划地名司柳拯司长2017年2月14日在“第二次全国地名普查验收工作培训班”上的讲话）

积极融入国家战略
奋力前行有所作为

王胜三

伴随着“一带一路”、京津冀协同发展和长江经济带等国家战略的全面实施，以及国务院第二次全国地名普查工作的快速推进，作为社会基础地理信息的地名，其文化内涵、乡愁记忆、科技含量愈加丰富，开展地名普查、开发地名资源所带来的经济效益、社会效益、管理效益更加凸显，越来越受到各级政府的高度重视和社会的广泛关注，这对地名工作特别是地名研究工作提出了新的更高的要求。地名研究工作如何适应新的形势，找准方向精准发力，是当前我们面临的一项紧迫课题。近年来，民政部地名研究所作为以地名为研究对象的国家级科研机构，主动服务和融入国家战略，勇当地名研究领域的“领头羊”和“排头兵”。一方面，注重地名普查、地名文化和地名管理的基础理论研究，认真抓好全国地名标准化专业委员会、联合国地名专家组中国分部、世界地名译写中心和中国地名学会的科研任务；另一方面，突出地名研究与国家战略的深度融合，不断延伸研究领域和范围，让基础理论研究向实际应用转向，积极推进与“一带一路”、智慧城市、城镇化以及国家重大纪念活动相关的地名研究和应用，不断提高地名科研能力和水平，取得了初步成效。

一、以“一带一路”战略实施为牵引，把地名研究考证向纵深推进

“一带一路”作为国家的顶层战略，有着很深的文化渊源、时代要求和中国背景，无论是“东出海”还是“西挺进”，要把沿线国家紧密地连接在一起，打造一个政治互信、经济融合、文化包容的利益共同体、命运共同体和责任共同体，实现道路联通、贸易畅通、货币流通、政策沟通、人心相通“五通”格局，必须优先铺设一

条坚实而顺畅的地名之路。为此，我们积极实践，深入探索，将“一带一路”与“地名文化”两个关键词融汇交织，选择新的视角，注入新的活力，为宣传和普及“一带一路”地名文化打开一扇开放的窗口。

一是考证“一带一路”历史地名。组织专家学者，挖掘丝绸之路上古国名、古城邦名的来历、演变，追溯中西文化、经济交流的历史，探索古丝绸之路沿线古地名的演化足迹。

二是考证“一带一路”沿线国家地名。按照“一带一路”版图，以国家名称这一重要地名为切入点，从经济、政治、历史、文化、地理等多方面，对“一带一路”沿线包括太平洋岛国在内的80个国家进行了详细的剖析和介绍。

三是考证“一带一路”重要城市名。依托陆路国际大通道，以沿线中心城市为支撑，海上以重点港口为节点，重点介绍54个著名城市名的由来及其演变过程，从区位、历史、地理、经济、文化和旅游等方面进行全方位展现。

与此同时，我们加紧对京津冀协调发展和长江经济带相关地名的研究工作，配合纪念中国人民抗日战争暨世界反法西斯战争胜利70周年、中国工农红军长征胜利80周年以及中国人民解放军建军90周年，推出红色文化重要地名录。

经过几年的精心探索和努力，我们先后推出了《一带一路列国志》《一带一路历史地名考略》《一带一路百问百答》《一带一路名城志》《二战重要地名录：印记》《长征重要地名录：星火》等研究成果，还将后续推出《一带一路列国志》韩文版，《一带一路山川志》《一带一路名寺景点志》《中国人民解放军成长壮大重要地名录：刀枪》《开国将帅录》《京津冀一体化地名探源》《长江经济带地名文化解析》等系列图书，为国家战略实施提供有力的支持和借鉴。

二、以智慧城市建设为契机，研发和推广地名标志智能导向系统

2013年8月，国家正式把智慧城市建设列为重要发展战略。其根本目的是通过先进的信息技术，建立城市的自适应系统，提高其信息获取、实时反馈、随时随地互动能力，实现城市管理和运行的智能化，为民生、环保、公共安全、城市服务等提供方便、快捷、高效服务。智慧城市的建设中更加便捷的地名标志导向系统是重要的内容。地名标志是国家法定标志物，是对行政区、居民地、街巷、门楼等地理实体名称的明确标示。地名标志遍布城市的中心街巷和角角落落，是城

市管理的“细胞”和“末端”，只有让“末端”动起来，让“细胞”活起来，城市肌体才能充满活力。为此，从 2015 年开始，我们把地名标志智能化作为智慧城市建设的重要抓手，与中国科学院电子学研究所合作，发挥各自优势，共同研发地名标志智能导向系统。中科院电子所是我国成立的第一个综合型电子信息科学研究所，拥有国家传感技术重点实验室，其传感处理系统、图像解译能力处于国内领先，达到国际先进水平。我们借助电子所的科研能力和技术，开展研发和推广应用，计划分四步走：

第一步，地名标志的数字化。利用电子所的传感技术，把遍及城市街头巷尾的静态地名标志，经过传感技术的处理改造，转化成可及时收集街景动态数据的信息终端。

第二步，地名标志的网络化。即把数字化的地名标志作为一个小小的城市“电子眼”，通过网络技术连接成城市地名网（简称“地网”），立体感知城市环境、状态、位置等信息的全方位变化，实现对城市管理各方面监测和全面感知。

第三步，建立数据处理中心。采集的实时传感数据，通过网络传输到地名地址数据库，利用解译技术对数据进行甄别、过滤、分析、整理。

第四步，建立地名标志智能管理平台。数据处理中心将经过筛选的可用信息传输到管理平台，进入民政业务和城市管理相应的模块，通过管理平台实时观察城市每一个部位的变化情况，并为科学决策和指挥实施提供可行性方案。这样，城市就有了“大脑中枢”，有了“千里眼”和“顺风耳”，有了“云端管理，网络互连，终端交互”的地名标志智能导向系统，智慧城市建设就有了可靠的依托。

目前，研发和落地工作正紧张进行。已获得 5 项发明和实用新型专利，建立了地名标志智能导向系统实验室和研发基地，管理平台软件设计和研发初步告一段落，改造后的智能标志已开始走出实验室在户外安装调试，并选择了内地和沿海地区两个城市先行试点。另外，地名所地名地址数据库展示平台初步建成，我们一方面紧跟各地“二普”进程补充数据；另一方面采取市场购买、网上抓取等手段，不断完善更新、修正地名地址库数据信息，着力解决目前地名地址信息局部性、碎片化的问题，努力建立最权威、最准确、不断更新的全国地名地址库信息系统，为民政业务开展和智慧城市建设提供更便捷的数据服务。

三、以“二普”成果转化为指向，努力打造一批“看得见、摸得着、用得上”的精品力作

第二次全国地名普查是国务院部署开展的一项基础性、公益性、战略性国情调查。按照工作进度，2017 年 3 月底前，将完成省级验收，6 月底前将完成国家验收。如何推进成果转化？我们感到，“二普”成果转化要充分体现“民政为民、民政爱民”的精神，充分体现便民利民的目标要求，出版一批图、录、典、志，记录一批影像资料，建设一个全覆盖、权威性、可实时更新的地名地址数据库，形成全国“一盘棋”地名数据信息科学管理格局。因此，结合地名所的实际情况，我们从大处着眼，从小事做起，借船出海，借梯登高，几项重点工作正在全面推进。

一是与北京电影学院合作，拍摄《地名中国》大型纪录片。2017 年 1 月 12 日，双方签署了战略合作协议。拟以中国文化地名为起点，以揭示拍摄地点地名内涵和文化底蕴为落脚点，深度挖掘当地人文地理延续、脉络和闪光点，用大型纪录片的形式，系列展现中国市、县、镇的地名价值、历史厚重和文化传承，集中反映当地在中华民族伟大复兴进程中的人文关怀和文化贡献，最大限度地向中国和世界展示和弘扬中国地名和中国文化的魅力，激发社会公众的爱国情怀，引发中国地名文化的国际关注，进一步发挥地名文化在文化强国战略中的重要作用。目前，前期工作准备已经就绪，2017 年计划拍摄 10 ~ 12 集，在央视等新闻媒体上播出。这也是国内首次以电影艺术的形式拍摄地名纪录片。

二是与中国中医科学院合作，推出《方舆：中国地名与道地药材》特刊。古人有“凡用药必须择土地所宜者，则药力具，用之有据”的说法，中医临床应用证明，中药材种植产地与疗效发挥关系密切，这也就把地名研究与中医中药研究紧紧地联系在一起。为了解决好当前中药材产地与药用价值不匹配的问题和中药源产地地名古今变迁的困惑，保证中药的用量合理、安全有效，我们与中国中医科学院一拍即合，由中国工程院院士、中国中医科学院副院长黄璐琦牵头，双方抽调骨干力量，借助《方舆》这个宣传媒介，编辑一期《方舆：中国地名与道地药材》，通过高层声音、名医名家谈中医中药、学术探讨、道地药材探源、千年古方等栏目，正本清源，把第二次全国地名普查与全国中药资源普查试点成果有机地结合起来，让社会明了最好的中药材产地，掌握最具疗效的道地中药材。通过这次合作，对于我们延伸与政区地名相关行业领域的结合，扩大地名研究的社会服务

面，将提供有益启示，开辟新的途径。

三是充分利用“二普”数据，编撰《中国地名文化通志》。这次地名普查对地名文化的挖掘整理很重视，积累了大量的文字资料，是一笔宝贵的精神财富。地名文化是地名的灵魂，蕴含着中华民族的历史传承、人文底蕴和文化精髓，也折射出我们民族几千年来的认知水平、生活态度和精神状态，是我国优秀传统文化的重要组成部分。因此，编撰一部最新最全且最具权威性的《中国地名文化通志》显得十分必要。近年来，我们认真贯彻落实习近平总书记关于“传承、保护和弘扬优秀的传统地名文化”的指示精神，把编撰《中国地名文化通志》提到重要的议事日程，借助多方力量，采取多种方式，广泛收集资料，从思维、心理、哲学、政治、民俗、历史、宗教、神话等角度，分析研究地名文化的深刻内涵，采取每县（市）一卷的形式，把当地的地名、文化、历史、风物、人文、地域特点、自然景观打包整理，作为文明传承的见证，书写一幅地名文化的风情画卷，努力建立具有中国特色的地名文化体系。

四是积极推动国家地名文化博物馆建设。在倾力协助浙江、河南、黑龙江等省级政区建设地名博物馆和档案馆的基础上，尽力协调国家相关部门推进国家地名文化博物馆的立项筹备工作。

四、以解决社会老龄化问题为切入点，为养老安全开启光明行动

当前，我国正处在社会转型的关键时期，呈现出越来越严重的人口老龄化趋势，预计到2025年全国老龄化人口将达到4亿多人。据不完全统计，目前全国采取公办、民办和民办公助等形式的养老机构3.6万余家。伴随着养老人群和养老机构数量的不断增加，特别养老安全问题已引起相关部门和社会的广泛关注。针对这一问题，民政部专门下发了《关于切实做好养老院（机构）安全工作的紧急通知》，我们作为民政部直属单位，有责任主动靠上去做工作，发挥好自身优势，提供力所能及的服务。基于这一想法，着眼满足当前社会养老机构提升安全防护措施的迫切需求，解决好养老安全最后一公里的难题，进一步拓展地名标志行业社会服务功能，2016年11月，经我们牵线搭桥，让浙江道明光学股份有限公司牵手北京福寿老年公寓，义务开展安全守护光明行动试点工作。通过设立蓄光反光标志标识，让物品、室内外路径夜间亮起来，使老年人夜间行动既节能

环保又方便安全；引入地名标志智能导向系统，实现点对点跟踪、精准服务，遇有患病等突发情况能够得到实时提醒、及时救助；增设老年人消防安全逃生通道等，从根本上解决老人走失、疾病突发、火灾烫伤等安全隐患，把养老安全提升到一个新的高度。2017 年 2 月中旬，试点工作已完成验收。下一步，我们将进一步扩大试点范围，努力为养老事业打造一道坚固的安全防护屏障。

（作者系民政部地名研究所所长）

知识普及

如何处理“二普”与“一普”的关系

第一次全国地名普查是于 1979-1986 年开展的全国性地名普查，获得了丰富的地名档案资料。本次普查要充分利用第一次地名普查成果（含 20 世纪 80 年代末的地名资料更新成果），收集查阅利用好本县（市、区）“一普”和补调更新形成的地名档案资料，扎实推进“二普”工作。实际工作中，既要防止忽视核查“一普”地名档案资料而盲目地进行外业调查，也要防止为减少外业调查工作量而全部照搬“一普”地名信息。

以最优区划设置及地名管理助力京津冀协同发展国家战略

赵 丽

一、开拓创新，2016 年区划地名工作取得显著成绩

2016 年，在河北省委、省政府、民政厅党组的正确领导和民政部的大力支持下，我们坚持以习近平总书记系列重要讲话和党的十八届六中全会、省第九次党代会精神为指导，紧紧围绕京津冀协同发展国家战略和打造以北京为核心的世界级城市群，科学谋划、规范操作、扎实推进，全省区划地名工作实现新突破，受到了省委、省政府主要领导的充分肯定。

（一）撤县设区行政区划调整实现新突破

根据省委、省政府主要领导指示，在深入调研、反复论证、科学规划的基础上，河北省抢抓机遇、积极申报、加强沟通、努力争取，经审慎操作，快速实施，先后完成了张家口、衡水、邯郸 3 个地级市的撤县设区调整和省政府驻地迁移调整工作，超额完成了省委、省政府下达的“保二争三”年度调整任务，受到省主要领导的充分肯定。通过调整，全省市辖区数量由 42 个增加到 47 个，市辖区面积扩大了 8432.3 平方千米，市辖区人口增加了 306.86 万人，扩大了城市规模，拓展了城市发展空间，优化了资源配置，增强了城市发展活力和后劲，解决了衡水市 1 市 1 区和宣化、邯郸 2 县有县无城、市县同城、市县、区县专名重名，以及下花园区、峰峰矿区市辖“飞”区等问题，为疏解北京非首都功能奠定了基础。

（二）顺利完成区划调整后的县级界线勘定

行政区域界线勘定是行政区划调整实施的重要内容。根据国务院的批复要求，省厅及时组织有关市县（区）实施了对撤县设区调整后新的县级行政区域界

线勘定工作。经过大家的共同努力，完成了唐山、石家庄、保定3个地级市撤县设区调整后新的县级行政区域界线勘定工作，为依法治界管界和维护边界地区的和谐稳定奠定了基础，提供了条件。张家口市、邯郸市撤县设区调整后新的县级行政区域界线勘定工作正在有序推进。

（三）超额完成撤乡设镇和撤镇设街道办事处调整

为规范有序推进全省撤乡设镇和撤镇设街道办事处调整工作，省厅先后出台了《河北省民政厅关于撤乡设镇和撤镇设街道办事处的指导意见（试行）》《河北省民政厅关于撤乡设镇和撤镇设街道办事处行政区划调整工作方案》和《河北省民政厅关于撤乡设镇和撤镇设街道办事处标准的补充通知》3个规范性文件。为提高撤乡设镇、撤镇设街道办事处工作质量，针对全省乡镇底子薄、经济落后、基础设施不完善等实际，省厅将乡级行政区划调整申报审批程序分为筹备、审批两个阶段，结合全省美丽乡村建设，将道路硬化、路灯亮化、街容街貌净化美化、地名标志设置标准化、应急避难场所全覆盖纳入筹备和检查验收工作内容，做到了成熟一个调整一个，确保了撤乡设镇和撤镇设街道办事处质量。2016年，共完成了43个撤乡设镇、12个撤镇设街道办事处调整，超额完成省政府下达的年度任务，受到省领导的高度肯定。通过调整，镇域面积扩大了4549.37平方千米，镇域人口增加了111万；街道办事处面积扩大了577.52平方千米，街道办事处管辖人口增加了73万，优化了城乡结构和乡镇社会资源配置，促进了农村面貌的提升，强化了城区社会管理，提高了城区为民服务水平，助推了全省新型城镇化进程。

（四）圆满完成全省第二次全国地名普查年度任务

为扎实推进全省第二次全国地名普查工作，确保普查成果质量，去年主要抓了以下几点：一是制定出台规范性文件。省厅先后出台了《河北省地名普查质量监理和监理实施细则》《河北省地名普查督查实施方案》《河北省地名普查验收办法》等规范性文件，为提高“二普”成果质量提供了保障。二是开展有效活动。先后开展了地名“二普”宣传月、“燕赵名片·河北地名印象摄影大赛”、地名标准化处理、地名文化保护、清理整治不规范地名和地名标志等活动，有效提升了各类地名的文化品位和地名标准化、规范化水平。三是组织业务培训。先后组织了地名普查补查和软件应用培训、河北省标准地名词典编纂业务培训，提高了全省地名队伍的业务素质。四是进行督导检查。省厅组成4个督导组，先后对全省50多个县的第二次全国地名普查工作进行督导检查，有效推进和指导了全省地名“二普”工作。五是积极争取普查资金。省厅先后争取到国家财政和省财政补助资金4444万元，用于对市县“二普”工作经费的补助。各县（市、区）也不同程度地争取落实了配套资金，为地名普查工作顺利开展提供了资金保障。截至目前，全省已完成“二普”任务的80%，处于全国领先位次。

（五）完成了省县两级界线联检，确保了边界地区和谐稳定

按照民政部的安排部署，经过边界沿线毗邻双方实地踏勘和友好协商，圆满完成了冀蒙、冀晋2条省界的联检任务，双方政府的联检报告已正式上报国务院。按照省厅的统一安排部署，经过市、县区划地名管理人员的共同努力，圆满完成了全省87条县界的联检工作。河北省与周边7省（直辖市、自治区）签订了平安边界创建协议，在大家共同努力下，全年省、县两级界线边界地区和谐稳定，未发生重大边界纠纷和事件，在中央综治办对我省的平安边界建设考评中，省综治办和省直8个部门给予满分成绩。

（六）编辑出版了区划书图典志，强化了档案规范管理

与北京、天津联合组织编制了《京津冀行政区划地图集》，完成了《中华人民共和国政区大典》（河北卷）出版发行工作，编辑出版了《2016年河北省行政区划简册》；聘请专业档案整理人员对20年来的勘界、区划、地名文书档案进行了集中整理，形成卷宗3000余卷。

2016年，虽然全省区划地名工作取得了骄人的成绩，受到民政部和省委、省政府的充分肯定与好评，但仍然存在以下问题：一是政府驻地迁移管理不严，不能按规定上报审批，存在随意性。二是不规范地名和不规范地名标志还未从根本上得到彻底治理，新的违规地名仍在不断产生。三是“二普”成果质量参差不齐，还需下大力进行纠正规范提高。四是“二普”工作进度不均衡，个别地区差距还很大。五是县级界线联检工作不实，有的走过场。六是行政区划调整后的勘界工作，有的组织不力，不能按时完成。

二、抢抓机遇，全力做好2017年区划地名工作

2017年是全面建成小康社会的攻坚之年。面对经济发展新常态和民政工作新形势，全省区划地名工作要认真贯彻党的十八届六中全会和省第九次党代会

精神，继续紧紧围绕京津冀协同发展国家战略和省委、省政府的决策部署，抢抓机遇，奋发作为，突出重点，狠抓落实，以争创一流的业绩，努力把全省区划地名工作提高到一个新水平。

（一）突出第二次全国地名普查工作重点

今年是第二次全国地名普查收官之年，各市要针对存在的问题和差距，采取果断措施，狠抓工作落实。一是下大力做好地名基础信息补查完善工作。各市的“二普”成果质量参差不齐，需要我们下大力进行纠正补充完善。因此，各市要加强对各县的具体督促指导，各县要集中人力和时间，依靠自身的力量，加快地名基础信息的完善和补充，确保在规定时间内高质量完成地名基础信息补查工作。二是做好地名普查成果的检查验收工作。最近民政部印发了《2017 年第二次全国地名普查成果检查验收和成果上交时间表》。我们要严格按照《第二次全国地名普查质量评价体系》《第二次全国地名普查验收办法》和《河北省第二次全国地名普查验收办法工作细则》有关要求，依靠第三方质量评定与监理的力量，抓好河北省每一条地名普查成果的检查验收。省厅聘请有关测绘、地名专家成立了检查验收组，与有关监理公司达成了监理协议。各市也要仿照省厅的做法，组织专家对普查得来的每一条地名进行检查验收，严禁搞抽查，确保按照省厅规定的时间节点完成本级检查验收和成果上报工作。总之，通过大家的共同努力，确保我省第二次全国地名普查成果顺利通过国家审核和数据入库验收，创出一流业绩。

（二）加强地名规范化管理

首先，规范地名管理。严格按照《地名管理条例》《河北省地名管理规定》，加强对各类地名命名、更名的规范化管理，建立专家论证和评估制度，加大对私自命名的查处，继续开展清理整治不规范地名活动。其次，完善城乡地名标志。创新服务方式，健全地名公共服务体系，完善地名公共服务示范测评体系，借助美丽乡村建设和撤乡设镇、撤镇设街道办事处行政区划调整，加大城乡地名设标力度，提高地名标志覆盖率和质量。再次，积极开展地名文化遗产保护。加强“千年古县”“千年古镇”“千年古村落”等地名文化遗产保护和“千年古县”申报工作。最后，高标准完成《河北省标准地名词典》编纂工作。各市、县也要成立标准地名词典编写组，要按照这次培训的内容组织好市县编辑人员的培训，选调精干人员，集中时间和力量，按时高标准高质量完成本市词条的编纂工作。

（三）积极稳妥推进县级以上区划调整

近几年，虽然通过大家的共同努力，先后完成了7个地级市撤县设区调整，但河北省现有行政区划存在的问题还并没有全部解决，下一步的调整任务还很重。一是稳妥推进撤县设区调整。我们要加强对全省现有行政区划的调研论证，科学进行规划设计，根据省主要领导的指示，积极向国务院申报，加强上下沟通协调，争取民政部最大支持，审慎稳妥推进调整，确保撤县设区调整平稳顺利实施。二是积极推进撤县设市调整。经国务院批准，最近民政部印发了撤县设市标准和申报审核程序，该项工作已正式启动。截至目前，河北省曾有16个县提出过撤县设市调整请求。省厅会根据省主要领导的指示，对达到标准的给予申报和支持，各市也要积极做好相关工作。今年河北省力争完成2个县级以上行政区划调整。

（四）积极推进乡级区划调整

撤乡设镇和撤镇设街道办事处是省委、省政府列入年度督查督办的重点工作。按照省委、省政府要求，各市要严格按照“四化一有”，即道路硬化、路灯亮化、街容街貌净化美化、地名标志设置标准化、有应急避难场所标准，加强督导指导，督促各县扎实做好筹备工作，通过市局检查验收后，再请省厅验收，要严格按照申报审批程序，积极推进撤乡设镇和撤镇设街道办事处调整，做到成熟一个调整一个，确保调整质量，力争年内全省完成20个撤乡设镇、10个撤镇设街道办事处调整，通过调整打造一批“微中心”和各具特色的小城镇，助力新型城镇化建设。另外，各市要按照省委、省政府要求，积极推进县城扩容提质调整，适时将纳入县城规划周边乡镇的村调整到县政府驻地镇，只要各县有请求，省厅肯定支持。

（五）加强对政府驻地迁移的管理

最近民政部印发了《民政部关于进一步加强政府驻地迁移管理工作的通知》，各市必须对政府驻地迁移高度重视，政府驻地迁移也是行政区划变更的重要内容。一是各市要主动向党委、政府领导汇报宣传国务院、民政部对政府驻地迁移的要求和申报审批程序，使他们知道政府驻地迁移和撤县设市、撤乡设镇一样，也是行政区划管理的重要内容，也必须要履行申报审批手续。二是在今后的乡级以上政府驻地迁移时，必须先履行申报审批手续，坚决杜绝搬而不报、未批先搬、先搬后报等问题，切实维护政府驻地迁移的严肃性。三是按照民政部的要求，对政府驻地组织一次清理整顿，对未按规定程序履行申报审批手续而随意搬迁的拿出整改措施和处理意见，需要完善手续的按照申报审批程序在2017年2月底前尽快完善手续，对不按时完善手续私自搬迁的要对相关责任人依法依规严肃问责。各市清理整顿情况在3月底前报省厅，由省厅汇总后报民政部。

（六）大力开展平安边界创建活动

首先，按时完成省界联检工作。按照民政部第三轮界线联检安排部署，2017年本省与北京、河南进行界线联检，北京界由本省牵头，河南界由河南牵头。北京界涉及张家口、保定、承德、廊坊4市，河南界涉及邯郸市，凡涉及省界联检的市要提前安排部署，特别是本省牵头的北京线，要主动与对方沟通协调，提早展开联检工作，两条省界必须在9月底前完成联检工作。其次，按时完成县界联检工作。按照省厅的安排，今年有87条县界要进行联检，凡承担县界联检任务的市县也要早动手，扎扎实实抓紧抓好联检工作，严格防止走过场，鼓励有条件的地方更换县界界桩。今年承担县界联检任务的县，在2017年12月底前，要按程序向省政府上报联检报告，年底省里也要给各市打分。再次，开展平安边界创建活动。凡是边界毗邻双方还未签订平安边界创建协议的，在2017年6月底之前，必须签订平安边界创建协议，建立完善边界纠纷综合防控体系，依法妥善处理边界纠纷事件，确保边界地区和谐稳定。最后，完成秦皇岛、张家口、衡水、邯郸4个撤县设区行政区划调整后新的县界勘定工作，秦皇岛市的勘界成果在6月底前上报省政府，张家口、衡水、邯郸3市在8月底前上报省政府。

（七）完成区划地名信息平台建设

按照设计方案，搞好需求调研，加强与开发公司的对接，按照合同要求，加快项目开发进度，充分发挥监理公司的作用，高标准完成区划地名信息平台建设。

三、高度重视、强化措施，狠抓各项工作落实

（一）加强组织领导

行政区划工作是省委、省政府主要领导亲自抓并列入省政府年度督办的重点工作，平安边界创建工作是列入中央综治办每年对各省政府考评打分的工作，第二次全国地名普查是国务院安排部署并列入民政部年度考核打分的工作，都非常重要。各地民政部门一定要高度重视，要在当地党委、政府的统一领导下，当

作民政工作的大事、特事抓紧抓好，加强与有关部门的沟通、协调、配合，争取他们的支持，定期研究工作中涉及的重大问题，建立完善督促检查制度，抓好落实。

（二）强化队伍建设

区划地名在民政业务上是专业性最强的工作，除了国家政策规定之外，边界涉及测绘业务，区划地名都涉及历史文化，人员素质的提高需要长期积累和学习。因此，各市县必须加强区划地名队伍建设，设置专门机构、配备专职人员，强化业务培训，提高队伍素质，解决目前存在的管理人员缺乏、身兼多职、经常变动的现状。

（三）突出重点工作

2017 年区划地名的工作重点就是第二次全国地名普查，在 2 月底前完成本级普查成果检查验收，3 月底前完成全省普查成果的省级检查验收，上半年完成全省普查成果向民政部的上报。因此，各市一定要针对本地地名普查工作进展，集中力量打好突击战，按照省地名普查办制定的时间节点完成地名普查成果审核上报和数据入库验收工作。另外，要适时启动地名普查成果转化利用，制定地名普查成果转化规划。

（四）加强督导检查

根据工作开展情况，省厅今年还要组成督导组，深入各地对市县区划地名工作开展情况进行督导指导。各市也要及时组成督导指导组，深入到县（市、区）进行督促检查和指导，发现问题及时纠正，防止走弯路。县（市、区）本级也要加强自查自纠，确保区划地名工作高质量圆满完成。各地有好的经验做法也要及时总结上报省厅，以便相互进行交流学习。2017 年年底，省厅要对各市区划地名工作完成情况进行综合考评打分排队，在平时的工作中，各市一定要按照省厅要求的时间节点完成。

（五）严格经费管理

中央财政和省财政虽然给予各地的地名普查补助资金不多，但是我们也必须认清当前形势，认真履行职责，严格资金管理使用，做到专款专用，加强审计监督，确保资金安全，绝对不能出现任何问题。

（摘编自河北省民政厅副厅长赵丽 2017 年 1 月 10 日在“河北省区划地名工作会议”上的讲话）

集中力量打好地名普查攻坚战

张光廷

广西壮族自治区2017年度各项民政工作已经做好了安排部署。从全年的工作任务和目标要求来看,区划地名工作应该是任务最重、压力最大的一年,特别是第二次全国地名普查工作,时间紧,任务重,难度大,需要我们进一步提高认识,理清思路,采取非常有力的措施,加大工作力度,集中力量打好地名普查攻坚战,坚决按要求完成好以地名普查为重点的各项工作任务。

一、正确认清形势,切实增强按时完成地名普查任务的责任感和紧迫感

从2014年6月部署地名普查工作到现在,已经两年半时间了,从各县区的普查进展情况来看,整体形势不容乐观。

(一)各地普查工作进度不平衡

从国务院普查办2017年3月底完成全区普查验收工作的要求来看,各地普查工作进度整体仍然偏慢,部分地区普查登记表尚未回收完整,严重影响普查数据入库和标绘修测工作。同时,各地的普查单项工作也相对滞后,特别是地名设标和成果转化两大工作进度缓慢,部分地区尚未启动这两项工作,已经启动的也存在推不动、做不好等问题,如地名设标在城镇建成区整体完成较好,但在农村地区推动较慢;大部分地区没有按照自治区要求制定地名普查成果转化规划,没有按照"边普查边转化"的原则开展成果转化工作。

(二)部分地区地名普查组织保障不到位

一是普查办领导不够重视、态度不够端正,存在敷衍应付的思想。各地出现的领导不重视、普查工作不扎实、工作方式方法简单、不按普查规范要求操作、内

容不全质量不高、过分依赖技术支持单位、工作进展缓慢等现象已经成为影响地名普查工作的硬伤。二是普查办工作机制不健全，没有处理好地名普查与地理信息的关系。有的普查办对自身工作职责定位不清，把技术工作外包后，不管不问，有当甩手掌柜的情况。技术服务单位虽然在地理信息方面有专长，可以填补我们民政这方面的缺陷，但他们不懂地名，甚至可以说他们连地名的概念都不懂。地名普查应该以查清地名的数量和地名的“音、形、意、位、类”等基本信息和属性信息为重点，不注重地名基本信息的普查，这样的普查质量很令人担忧。三是普查办自身人员配置和构成不合理，严重制约当地普查工作组织实施和监督检查。多数县级普查办仅由1名股长在具体负责普查工作，普查相关专业人才严重不足，连最基本的沟通联系工作都没法做好，使得各部门之间沟通不畅、协作不良，导致专业部门的地名信息无法收集，没有发挥好领导小组的作用。另外，专业人员短缺还严重影响地名属性信息的收集和调查进度和质量、地名普查成果的自查核查、普查数据入库和地图标绘更新的监督检查等工作。特别是地名普查验收是采取县级自查、市级核查、自治区全查的方式开展的，各级普查办严重缺乏专业技术人员是无法完成相应环节的验收工作的，将影响到普查成果的检查验收。

（三）部分地区技术服务单位投入力量不足，没有充分发挥技术优势和履行服务合同

一是已投入人员数量不足，整体素质不高，专业性不强，没有处理好外业调查与内业入库的相关人员调配关系。二是存在签订合同前积极、合同签订后消极的情况，特别是合同签订后迟迟不派驻工作人员进场，或者出现已派驻人员变动频繁导致工作无法推动等现象。三是工作人员责任心不强，存在马虎了事的工作态度，通过一些专业术语或行为欺瞒普查办人员，严重影响普查工作质量。四是工作进度缓慢，没有严格按照普查工作时间要求履行合同内容，缺乏充分沟通，没有充分吃透国家和自治区下发的系列普查文件要求，在技术服务中没有严格把关。

以上这些问题，制约和影响了各地地名普查的进度和质量。第二次全国地名普查是党中央、国务院在新时期开展的一次基础性、公益性、战略性的国情调查，是加强和完善地名管理、服务国家经济和国防建设的一项重点基础工作。到目前为止，中央、自治区财政共安排下拨了1.3亿元地名普查经费给各市县区。各市、县区还配套了相应的经费。国家花这么长的时间这么多的经费来开展一项业务工作，这种重视程度，在我们民政工作中，历年来都是少有的。第二次全国地名普查的重大意义和重要性，自2014年部署这项工作以来，我们在每一次区划地名会议和培训班都反反复复进行了宣传和强调。大家对普查工作的思想认识到不到位，重视不重视，各县区3年来的普查工作进展情况，以及目前的地名普查成果和成效就是最好的体现。国务院普查办要求各省区2017年3月份完成普查验收工作，距这个时间节点只有短短的一个多月时间了。请大家要清醒地认识到目前的严峻形势，要切实紧张起来，在思想上引起高度重视，要迅速把工作重心转移到国务院和自治区政府的安排部署上来，把主要的精力集中到普查工作上来，切实加大力度，采取强有力措施加快推进，全力以赴地在规定的时间内完成好普查任务。

二、积极整合各方资源，集中力量打好地名普查攻坚战

2017年2月，自治区普查办根据国务院地名普查办的通知要求，下发通知对普查验收工作进行了安排。要求2017年3月底前各地分三批上报自治区进行验收。一个多月的时间要完成普查成果整理入库申报验收工作，对于那些前期进度慢的县区来说，是有一定的难度。压力就是动力，各地要采取非常的措施，加大人力物力投入，把前两年的欠账补上来，集中力量打好普查攻坚战。

一是要加强请示汇报，请政府和分管领导给予大力支持。这次会议后，要迅速向政府领导汇报，实事求是汇报问题和困难，请政府和分管领导给予支持，协调解决工作推进的难点问题，以最高的效率、最大的力度、最快的速度推动普查工作。

二是各级地名普查办要对普查工作进行一次全面总结梳理，针对存在问题研究制定切实可行的整改措施。要积极组织各有关部门、乡镇、村和社区，集中各方面的资源和人力物力，同心协力，紧密配合，紧锣密鼓地做好普查收尾工作。

三是要善于借力，充分发挥好技术服务单位、专家等各方面的作用。要加强对技术服务单位的督促检查，确保技术单位跟上节奏，防止出现技术单位拖后腿的情况。对于技术力量雄厚的服务单位，要充分借助他们的力量，发挥好他们的

作用。要采取短期聘请、临时抽调等办法，加大对普查工作的人力投入，组织当地有关专家、技术人员参与普查工作，加大工作规模，缩短普查时间。要充分发挥好各有关部门、乡镇、村和社区的作用，分解压力，提高效率。

四是各市地名普查办要加强对县区的检查指导。对措施不力、工作进展缓慢的县区要进行重点指导，帮助协调解决难点问题，确保按时完成普查任务。

五是市、县两级普查办一定要认真抓好自查、审核关，按照验收办法的要求出具自查、审核报告，严格按验收办法规定的验收程序开展验收工作。

三、坚守底线，确保普查质量经得起各方面的检验

从部署地名普查工作开始，我们始终在强调普查的质量问题。这次地名普查出来的成果资料，将是今后提供给各级机关、社会公众使用的最权威的地名档案资料，普查成果一定要经得起推敲和历史的检验。虽然时间紧、任务重，但是我们各级普查办在普查质量的控制上绝不能打折扣，大家一定要守住这条底线，绝不能有半点放松。普查质量集中体现在“全面”和“准确”两个方面。“全面”就是普查区域范围内所有该查的地名及其信息都要查到，不能遗漏。尤其需要强调的是普查获得的地名信息必须多过历史存在的地名信息数量，这是成果验收的一项重要标准，如果没有超过已往掌握的地名数量，一律视为不合格普查。“准确”就是地名的“音、形、义、位、类”等基本信息要准确无误，不能随意编造。各地要按照国家普查办下发的《第二次全国地名普查工作规程》《第二次全国地名普查质量评价体系》《第二次全国地名普查质量管理规定》《第二次全国地名普查验收办法》等普查文件的规定和要求，认真负责地抓好地名属性信息的调查、审核、考证，要把每一条地名的普查责任明确到单位、落实到人，确保普查数据全面准确、真实可靠，经得起推敲和检验。对普查质量达不到要求，无法通过自治区和国务院普查办验收的，将严肃追究相关人员的责任。

四、积极推进地名普查成果转化，促进地名文化建设

搞普查是手段，出成果是目的。成果转化是地名普查的有机组成部分和重要内容，抓好地名普查成果转化，对圆满完成普查任务，规范地名管理、满足社会需求、推动文化传承有着重大的现实意义和深远的历史影响。国务院地名普查

办、自治区普查办先后制定下发了《地名普查成果转化规划》，要求从开展普查成果转化关键环节入手，推进地名信息化建设、地名基础研究、地名图书编纂、地名文化保护和地名公共服务五大方面的工作。各地要按照规划的基本要求，结合本地的实际，创新推进成果转化工作。一是要加强组织领导。各地民政部门要将“规划”实施作为年度重点工作，科学合理制订计划，精心组织实施，将目标细化、责任强化、措施具体化。因地制宜，尽力而为，量力而行。二是要抓好资金保障。要利用财政资金、社会投入等多种方式，加大经费投入力度，确保有财力办事。三是要加强人才队伍建设。普查成果转化专业性很强，各级民政部门要善于利用专业力量，发挥各级地名普查专家咨询委员会和地名普查技术支持单位的作用。同时要抓好人员培训，加强地名工作技术骨干队伍培养，建设一支精通业务的地名工作队伍，为地名成果转化和地名规范化管理提供人力、智力支持。

五、规范做好行政区划和界线管理有关工作

（一）行政区划管理

一是要认真抓好调研论证工作，提高区划调整的前瞻性和科学性，随着各地经济社会的快速发展，结合实际需要适当进行区划调整是必要的。近年来，自治区先后对南宁、柳州、桂林、梧州、玉林、贺州、河池7个市辖区的行政区划进行了适当调整，将靖西县撤县设市。现在来看，这些调整总体来说是比较合理的。但是，也还存在个别调整方案不太科学导致实施难度大的情况。去年下半年以来，有少数这两年刚刚调整过行政区划的市领导到民政厅来协商，又提出了一些区划调整的新想法和新要求。为了防止区划调整的随意性，提高科学性，民政部门作为职能部门，一定要履行好职责，要吃透政策，根据本地经济社会发展、城镇化发展情况和行政区划设置的现状、存在问题和未来趋势，深入调查调研，科学分析论证，本着有利于经济发展、有利于行政管理、有利于社会稳定的原则，研究制订本市的行政区划调整方案，做到前瞻性和科学性的统一，避免盲目和随意，切实当好党委、政府的参谋助手。有两点基本要求：第一，调整方案要力求科学可行。调整方案要与国家的区划调整政策相符，要有利于区域经济长远发展，干部群众支持，能调得顺、便于实施。第二，调整方案要有前瞻性。区划调整方案要着眼长远，一次调整要能适应当地一个时期的经济社会发展需要。不能把区划

调整当作征地拆迁，想用一块就调整一块，今年刚调完，明年又申请，随意性太大，不利于当地的稳定和发展。

二是广泛征求意见，扎实做好社会稳定风险评估。国务院在出台新的设市标准的同时，制定了规范的区划调整申报程序，对做好社会稳定风险评估工作提出了严格的要求，社会稳定风险评估报告和防控措施是最主要的申报材料之一。同时，民政部要求，区划调整申报过程中，凡出现不稳定因素的，一律停办。因此，各地在区划调整过程中，一定要扎扎实实地做好社会稳定风险调查论证评估，不具备申报条件的事项坚决不上报。

三是要认真履行职责，加强本区域的行政区划管理。前些年，自治区个别地方发生过违反规定设立街道办事处的情况，部分已经进行纠正。个别正在进行整改的地区要加快工作进度，早日完成整改工作。

2016 年 11 月，民政部下发了《民政部关于进一步加强政府驻地迁移管理工作的通知》，要求各级民政部门严格执行政府驻地迁移审核报批程序、严格按照中央有关要求加强政府驻地迁移管理，切实加强政府驻地迁移监督检查。从全区的乡镇以上政府驻地管理自查自纠情况来看，发现有数起政府驻地私自变更而未报批的情况。各级民政部门作为政府驻地迁移的主管部门，要认真履行职责，定期开展本行政区域内政府驻地信息核查和监督检查工作，坚决杜绝不符合规定的政府驻地迁移现象，切实维护行政区划管理的严肃性。已经存在的问题，要按照行政区划管理规定迅速进行整改。

今后，对有违反行政区划管理政策规定的地区，我们将视情况停办该地区的行政区划调整事项。

（二）界线管理

1. 要扎实抓好界线联检工作

界线联检是增强地方各级人民政府界线管理意识、强化管理责任、加强界线管理的重要措施。目标就是要实现边界地区和谐稳定，不发生矛盾纠纷。近年来自治区省界、县界界线管理总体上是稳定的，但个别地方也存在一些矛盾和问题，确实要引起重视。区民政厅已经对第三轮联检各年度的县界作出了安排，各地要按着统一安排和联检工作的要求，周密组织，认真抓好落实。同时，各市要组织安排好各地级市内的县界和乡镇界线的联检工作。对联检中发现影响边界地区稳定的土地、矿产、水利、林业等资源管理使用及社会治安等方面的问题，要及时向政府汇报，主动向有关部门反映，并按照部门职责，协助做好界线实地认定和问题的处理工作。

2. 要认真做好勘界和勘界档案资料的存管工作

一是区划调整得到批准的市、县区，需要进行勘界的，一年内要完成勘界。二是各市、县区要对县界、乡镇界勘界资料进行一次全面的清查。弄清本级界线档案资料的存管地点和基本情况，同时，对界线档案中的涉密档案材料，要按照保密要求严格做好保密管理工作。工作变动时要向接管人员做好交接，保持好界线档案管理工作的连续性，为群众提供便捷的查询服务。三是要落实制度，认真抓好界线界桩的日常管理维护工作。

3. 履行好职责，深入推进平安边界建设

平安边界创建活动是平安广西建设的一个重要内容，也是每年综治考评的重要内容。各地按照平安边界建设的总体要求和职责分工，积极探索新措施新办法，积累一些切实可行的经验。个别地方对平安边界建设还是重视不够，仍停留在签订协议书、应付上级检查考评上，没有多少具体动作。各地要切实按照自治区综治委《关于深入开展平安边界创建活动的意见》和区民政厅《关于推进平安边界建设工作的通知》精神，依据《平安市、县（市、区）考核评分标准》，扎实抓好各项工作的落实，确保平安边界年年得满分，促进边界地区长期和谐稳定。

（本文摘编自广西壮族自治区民政厅副厅长张光廷在2017年2月15日“2017年全区区划地名工作会议”上的讲话）

《汉书·西域传》地名的双音节化及其根源

牛汝辰

为了还原古代西域地名的原始语源及其演变规律，必须借助最早的记录西域历史地理的汉文文献，通过汉语音韵学和汉语历史语言学，进而才能解读最早的西域新疆地名的原始语源及其演变规律，而《汉书·西域传》就成为完整地了解和解读西域地名演变的必备文献。双音节化是自汉代以来的汉语演变规律之一，探讨其演变的原因，有助于了解汉语及其当地语言的演变规律。两千多年来，汉语词汇就是在这种一方面要求音节数目复杂化；另一方面又要求音节数目简单化的矛盾斗争中不断发展，这种矛盾斗争的结果就是汉语词汇的双音节化。由此我们可以得出结论，殷商时代汉语的构词形态是单音节词，而词汇发展本身要求词汇数量丰富化、表义精确化，加以语音系统的简化的重要推动作用和其他一些因素，形成了汉语词汇双音节化的发展总趋势。

正是由于自古至今的汉语的双音节化特点，才造成了汉代，包括《汉书·西域传》等汉文古籍在内的用汉语汉字记录和译写当地非汉语地名时采用以双音节为主的地名译写方法，故而形成了大量的双音节西域地名，而由于当地非汉语的地名并非都是双音节的，故而产生了大量的用汉语汉字记录的节译、缩译的西域地名，使得地名还原原语造成层层困难。一旦了解了这些语言规律及其地名的节译、缩译特点，那么许多古代西域地名的解读和考源就不至于长期难以攻克，以至于成为中国历史地理学和西域地名学的“哥德巴赫猜想”。本节的探讨有助于读者理解后面一些章节的地名考证和地名的语言还原。

一、汉代西域诸国情况

关于汉代西域诸国情况，我们根据《汉书·西域传》及相关研究成果，将西域诸国相关情况列表如下。

序号	国名	都城	地理位置(今地名)	户数	人口数	兵数	经济	备注
1	若羌	若羌	若羌县西南	450	1750	500	游牧	羌
2	楼兰	抒泥城	若羌县城附近	1570	14100	2912	游牧、农	公元前77年改名鄯善
3	且末	且末城	且末县西南	230	1610	500	农	东汉时并入鄯善
4	小宛	扜零城	车尔臣河上游地区	150	1050	200		同上
5	精绝	精绝城	民丰县	480	3360	500	农	同上
6	戎卢	卑品城	民丰县南的昆仑山间	240	1610	300	农、牧	同上
7	扜弥	扜弥城	克里雅河流域	3340	20040	3540	农	三国时并入于田
8	渠勒	鞬都城	克里雅河上游山区	310	2170	300	农、牧	三国时并入于田
9	于阗	西城	和田	3300	19300	2400	农	
10	皮山	皮山	皮山县	500	3500	500	农	东汉时并入于田
11	莎车	莎车城	莎车叶城一带	2339	6373	3049	农	
12	山国		托克逊县南、库鲁克塔格山	450	5000	1000	牧	
13	焉耆	员渠城	焉耆东	400	32100	6000	农	西域第四大国
14	危须	危须	和硕县	700	4900	2000	农	后并入焉耆
15	尉犁	尉犁	库尔勒东北	1200	9600	2000	农	后并入焉耆
16	渠犁	渠犁	库尔勒西	130	1480	150	农	西汉屯田中心
17	乌垒	乌垒	轮台县东	110	1200	300	农	西域都护治所
18	龟兹	延城	库车	6970	81317	21076	农	西域第三大国
19	温宿	温宿	乌什县	220	8400	1500	农	
20	姑墨	南城	阿克苏	3500	24500	4500	农	
21	尉头	尉头谷	阿合奇县	300	2300	800	农、牧	东汉后并入龟兹
22	疏勒	疏勒城	喀什	1510	18640	2000	农	
23	蒲类	疏榆谷	巴里坤县	325	2032	799	牧、农	匈奴人所建
24	蒲类后		木垒县	154	1070	334	牧	
25	车师前国	交河	吐鲁番西	700	6050	1865	农	原名姑师，前60年建
26	车师都尉	高昌	吐鲁番东高昌遗址	40	330	84	农	前60年由姑师分出，后并车师前
27	狐胡	柳谷	吐鲁番西北	55	264	54	农、牧	
28	车师后国	务涂谷	育木萨尔南	595	4774	189	牧、农	前60年建

续表

序号	国名	都城	地理位置(今地名)	户数	人口数	兵数	经济	备注
29	车师后城长国		奇台县北	154	960	260	牧、农	后并入车师后
30	郁立师	内咄谷	吉木萨尔	190	1445	331	牧	同上
31	卑陆	乾当谷	阜康县	227	1387	422	牧	同上
32	卑陆后	番渠类谷	阜康县东北	462	1137	350	牧、农	同上
33	劫国	丹渠谷	乌鲁木齐北	99	500	115	牧、农	同上
34	东且弥	兑虚谷	乌鲁木齐	191	1948	572	牧、农	东汉时并入车师后
35	单桓	单桓城	昌吉	27	194	45	牧	西域最小国
36	西且弥	于大谷	呼图壁	332	1926	738	牧、农	同上
37	乌贪訾离	于娄谷	玛纳斯	41	231	57	牧	西域第二小国
38	乌孙	赤谷城	东至玛纳斯、西到巴尔喀什湖以东以南	12 万	63 万	18.8 万	牧	西域第一大国。前53年分大小二部
39	乌秅(chá)	乌秅	今坎巨提地区(克什米尔北)	490	2733	740	农、牧	
40	难兜	帕米尔拔达克山及瓦罕河流域		5000	31000	800	农	西域第五大国
41	西夜	呼犍谷	叶城西部、莎车、叶尔羌河上游、喀喇昆仑山	350	4000	1000	牧	东汉时并入莎车、属羌
42	子合	呼犍谷	帕米尔高原、小帕米尔东部	2500	10000	300	牧	同上
43	蒲犁	蒲犁谷	塔什库尔干县	650	5000	2000	牧	
44	依耐		帕米尔(塔什库尔干南部)	125	670	350	牧	属羌
45	无雷	卢城	塔什库尔干西南的帕米尔山区	1000	7000	3000	牧	属羌国
46	休循	乌飞谷	阿克陶西部、帕米尔北部山中	358	1030	480	牧	
47	捐毒	衍敦谷	乌恰县北、乌鲁克恰提一带	380	1100	500	牧	
48	桃槐		费尔干纳东面近山地区	700	5000	1000		
49	大宛	贵山城	费尔干纳盆地	6 万	30 万	6 万	农	西域第二大国
50	厨宾	循鲜城	喀布尔河下游原克什米尔一带				牧、农	不属都护
51	乌弋山离		阿失汗西部					不属都护
52	大月氏	蓝氏城	阿姆河上游				农牧	不属都护
53	康居	都卑阗城	巴尔喀什湖、咸海之间				农牧	不属都护
54	安息	番兜城	伊朗高原——两河流域				农牧	不属都护

葛剑雄认为，早期的地名实际上反映了族群分布，尽管我们对它们的具体内容还不了解。如商朝人，几乎将所有做过都城的地方都称为“亳”，早期迁移到的地方也命名为“亳”。我国西北地区还有很多地名，当汉朝人记录下来时已经无法考证它们的含义，但都反映了古代西域一些族群的分布，以及族群的影响，但在这些方面我们目前研究很不够，将来或许能通过这些地名破译民族成分的密码。

二、西域地名的双音节化现象

《汉书·西域传》所记载的西域地名，大多为多音节地名，并以双音节形式为主。笔者以为这反映了汉代语言的双音节化趋势。《汉书·西域传》首次批量记载了汉代西域的地名。不管是汉人命名的地名，还是音译当地土著民族或部族的地名，大多为前不见经传者，这就给我们提供了一批最早用汉语记录的西域地名，对这些西域地名进行研究，就可以产生一些规律性的认识。同时，西域在汉代就是一个多民族、多部族人民聚居的地区，特别是公元前 60 年“汉之号令班西域”，汉代西域地名不仅能反映当时汉语的诸多特征，而且也可以反映双语或多语言接触的痕迹和特点。

《汉书·西域传》共上、下两卷，据马克章不完全统计，其中出现的地名 240 余个（同一地名重复出现，仅计为 1 个）。这 240 个地名中，除 10 余个为单音节者外，其余绝大多数为多音节的。为了便于深入分析探讨，兹将这些地名（除少量难以定性的之外）大致归类整理，按“地名所指”“地名构成”分类如下：

（一）地名所指分类

按照地名所指对象，对《汉书·西域传》的地名分为以下四类：

1. 地域名称

历史学家对汉代西域的行政实体赋予称说时，按当地的自然条件、经济形态，称其为“城廓诸国”和“行国”两类。“城廓诸国”，人们往往定居于城镇和乡村之中；“行国”，则“逐水草而迁徙”于他们一向相对稳定的游牧范围。它们在未被汉王朝封为侯国之前，各自或相互以其居住的城镇、活动的地域，抑或以部族、部落名称作为地域名称而称呼之。例如：若羌、匈奴、乌孙、于阗、鄯善、莎车、安息、奄蔡、康居、疏勒、危须、尉犁、渠犁、且末、楼兰、精绝、渠勒、龟兹、姑墨、温宿、大宛、小宛、小蒲类、东且弥、西且弥、郁立师、乌弋山离、乌贪訾离等。属于此类的，共68个。

2. **侯国名称**

这里所说的侯国，泛指汉代西域接受汉朝封授、隶属都护管辖的所谓三十六国（后分为50余国）。这里的“国”之概念，袭用春秋战国时之原义，与今之义不同。它们对汉中央政权而言，不是一个国度，只是汉王朝的“诸侯国”。其中，康居、大月氏、安息、大夏、乌弋山离五国不属西域都护管辖，仅时向汉朝进贡、时与中原通商。因《汉书》称其为“国”，所以这里也将其列入“诸侯国”。这些“国”计有：鄯善国、且末国、小宛国、疏勒国、精绝国、无雷国、戎卢国、莎车国、温宿国、乌孙国、大月氏国、卑陆后国、西且弥国、郁立师国、乌贪訾离国等。属于此类的，共53个。

3. **王治名称**

王治名称指侯国君王治所之所在地名称。此外，还有少数虽非王治所在，但其规模较大、名气较大的城廓等居民点或某国内部小王分封治所之称“城”“谷”者，考虑到其结构带有“城”“谷”等语素便于语法分析而作这样处理。例如：交河城、南城、西城、精绝城、皮山城、莎车城、疏勒城、延城、危须城、监氏城、番兜城、蒲犁谷、乌飞谷、衍敦谷、于大谷、兑虚谷、番渠类谷等。其他非王治而规模、名气较大者，如乌垒城（西域都护驻所）、伊循城（楼兰国大城）、护澡城、薄茅城、附墨城等分别为小月氏、康居国内分封的小王之王治所在。属于此类者，共57个。

4. **其他地名**

这一类地名，是指除去上述三种之外称说山川、关隘、城池者。其中主要都在西域范围，少数诸如中国、金城、长城、临洮等内地地名，但因见于《汉书·西域传》，作为与前同出一时的地名语言材料，有相比照的价值，故也归于此类。这些地名是：南山、北山、天山、葱岭、盐泽、蒲昌海、西海、弱水、妫水、玉门关、玉门、阳关、令居、酒泉郡、武威、白龙堆、积石、天笃、捐毒、休循、大头痛、小头痛、南山羌、乐越匿地。属于此类的，共52个。

（二）地名的构成分类

1. **音译**

这是一种将其他民族地名通过语音对译、用汉语表示出来的地名。前述的地域名称绝大多数属于此类。例如:匈奴、乌孙、于阗、鄯善、莎车、天笃、捐毒、休循、恶师、卑陆等;“其他地名”中也有一些,如:天笃、捐毒、休循、恶师等。属于此类者,共59个。

2. **音译加汉语语素**

上述音译地名,加上“国”“城”“谷”等汉语语素,形成一个指称新概念的地名。这种地名的前一部分是一个多音节语素(专名),后一部分是一个汉语语素(通名)。二者构成双语素组合的合成词。例如:加“国”而构成的:鄯善国、且末国、精绝国、疏勒国、龟兹国、郁立师国、乌弋山离国、乌贪訾离国等;加“城”“谷”而构成的:且末城、乌垒城、单桓城、危须城、莎车城、尉头谷、乾当谷、兑虚谷、务涂谷、乌飞谷、番渠类谷等。此外,还有加上其他汉语语素而构成地域名称和国名的。如:小蒲类、小月氏、大宛、小宛、东且弥、卑陆后国、车师后国、东且弥国、西且弥国等。还有极少数结构更为复杂,例如车师后城长国、车师都尉国。此为极少数特例,不予讨论。属于此类的,共113个。

3. **语素加语素**

这是直接用汉语语素,按汉语的组合方式组合而成的合成词。这些用汉语直接命名的地名,前人多已有所研究并予以认定。例如:西域、中国、玉门、阳关、葱岭、南山、北山、天山、金城、盐泽、积石、若弟、赤水羌、南山羌、大头痛、小头痛等。属于此类的,共46个。

《汉书·西域传》西域地名统计表

	音译		音译加汉语语素		汉语语素加汉语语素		合计
	双音节	多音节	双语素	多语素	双语素	多语素	
地域名称	54	5	6	2	1		68
侯国名称			42	10	1		53
王治名称			53		3	1	57
其他地名					41	11	52
合计	54	5	101	12	46	12	230

《汉书·西域传》中的240余个地名中,复音节形式的多达230个,其复音化可谓十分明显,且双音节的又占复音节中的将近一半。由于汉语是音节语言,不善于表音,因此大量的西域民族语地名的双音节化,必然会在地名汉译的表音上

造成大量地名的节译、缩译、简译现象，因此，在今天的地名语源的复原上就会造成极大的困难，这也是西域地名、族名、人名考证困难的主要原因之一。

据马克章统计，表中第一列音译地名共59个，除了乌贪訾离、乌弋山离、郁立师、乐越匿地、恶都奴5个之外，其余54个均为双音节形成（乌弋山离还有“乌弋”的双音节简称，这占了59个音译地名的91.5%强）。这说明这个时期的汉语双音节化趋势已经开始流行。王力先生早有研究：“汉语自始就不是单音节语；先秦时代已经有了大量的双音词。”“它们多是由双声叠韵构成的。”

这里之所以音译地名以双音节形式为主，汉代西域是个多民族聚居区，除了汉朝在西域设西域都护府管辖天山南部地区，因而西域也通行汉语是不争的事实，另外若羌、西夜、无雷、蒲犁、依耐一带的羌语，也在天山南部流行。汉语和羌语属于汉藏语系。西域的大部分地区则同行印欧语系的语言，如原始印欧语吐火罗语、亚利安语等。部分地区流行阿尔泰语系的语言，如匈奴语、丁零语、乌古斯语等。这些非汉藏语系的语言与汉语不同，其词汇呈多音节拼写形式。其多音节地名要译成汉语，自然是非多音节化不能较准确完成对译。这些地名译成汉语之后，多数地名却呈双音节形式。

除59个地域名称属音译之外，马克章认为，表中另两列的地名都是一种语法结构。它们的组合也有着明显的规律。第二列是音译形式再加上汉语语素的组合。在汉语组合中，音译的东西不管它有多少个音节，它都是一个专名，但缺少通名。将这些专名与汉语通名“国”“城”“谷”等相结合，便产生了两个语素相加的合成词，即完整的地名（专名＋通名）。例如且末国、鄯善国、精绝国、乌垒城、尉头谷、乾当谷等，除了东且弥国、西且弥国、蒲类后国等12个多语素组合的地名之外，这种双语素组合竟多达101个。第三列的汉语语素直接组合的地名，其语法结构更为清楚。其中除去玉门关、白龙堆、赤水羌、高昌壁、大头痛、小头痛等12个多语素组合之外，其余45个为双语素组合。第二、三列这两类的双语素组合共146个，占230个地名中（除音译地名之外）之89%弱。

三、《汉书·西域传》地名的双音节化探源

汉语词由单音节向双音节转变这种趋势，早在甲骨文时代，即公元前15世纪到公元前11世纪就已经初露端倪。从殷墟甲骨卜辞和殷代铜器铭文来看，当

时汉语词汇中占绝对优势的是单音节词，而复音节词则处于萌芽状态，并且屈指可数，如“上帝、刍正、乍册、今日、易日”等。到了西周、春秋时代，一个引人注目的变化就是在铜器铭文和《尚书》《易经》《诗经》《左传》《国语》等典籍中出现了一批复音词。

（一）王力的观点

关于汉语复音词特别是双音节词形成增多的原因，许多学者从不同角度提出了自己的观点。其中影响较大的主要为王力的观点：语音的简化和外语的吸收，由王力在《汉语史稿》一书中提出。他说：“汉语复音化有两个主要的因素：第一是语音的简化；第二是外语的吸收。”在解释第一个原因时，王力认为：“上古汉语的语音是很复杂的，声母、韵腹、韵尾都比现代普通话丰富得多；和中古音相比较，也显得较为复杂些……单音词的情况如果不改变，同音词大量增加，势必大大妨碍语言作为交际工具的作用。汉语的词逐步复音化，成为语音简化的平衡锤。”在解释第二个原因时，王力先生主要是以举例的方式来论证：“另一因素是外语的吸收。如果是音译，原来是复音词，译出来自然是复音词。上古外来语如“琵琶”“葡萄”“苜蓿”“荔支”，中古外来语如“菩萨”“罗汉”等，近代外来语如“鸦片”等，现代外来语如“沙发”“逻辑”等，都是属于这一类的。甚至原来是单音词，译出后也可以变为双音词，例如“伏特”（volt）。如果是意译，就更非复音不可。

（二）张世禄的观点

关于汉语词汇复音化的原因，张世禄先生曾经指出：“中国语里，单音缀的语词假使所包含的音素是很复杂的，拼缀的方法是无限制的，音调的种类是很繁多的，那么，彼此在口语上，还能应用语音的差异以互相识别，可是因为语音单纯化的结果，同音语词既然激增，音调的种类又形减少，要想在口语上免除含混的弊病，自然须把语词的组织根本改造一番；语言的原料，就因之起了急剧的变迁。其中最显著的两点是：单纯语词大半变为复合语词；单纯语词上，附加以表白的辞语。”“语音是发音器官的活动结果，又是听觉所感觉到的现象，用来传达和区别意思的。所以我们发出的语音，必须服从于语言在社会当中的交际作用，一方面要求意义传达得明确，以达到互相了解；另一方面又要求节省劳力，使得发音简化。在具体的语言当中，有一部分需要说得特别清楚，加重发音，有一部分又不妨含混地说过去，减弱发音。语言的这种内部矛盾性，就是语音发展的根本原因。同化作用、弱化作用、节缩作用等现象，大都是由节省劳力和减弱发音而产生的。交替作用、强化作用、增音作用等一些异化作用的现象，又是由要求明确和加重发音而产生的。”

（三）黄志强、杨剑桥的观点

从西周、春秋一直到东汉乃至魏晋，是汉语语音大为简化的时期，复辅音声母逐渐丧失殆尽，具有辅音韵尾的阴声韵字也脱落韵尾。语音的剧烈变化，必然影响交际，要求运用其他手段补偿。从语音上说，四声的产生是一种补偿手段，但语音简化是如此的剧烈，以致这一补偿远不够用，于是词汇的复音化便应运而生，可以说这是再自然不过的了。

1. 词汇的迅速增加，为了避免同音而产生

汉语词汇复音化的重要的内在原因是词汇系统本身的急剧发展，首先是词汇量的迅猛增长。西周、春秋时期是中国进入封建社会的开始，社会日新月异。词汇是语言三要素中对于客观现实的变化最为敏感、变动最显著的要素，为了适应社会发展的需要，词汇必须极大地丰富起来。就拿单音词来说，汉字在甲骨文中的数量约为3500个，到《说文解字》中增加到9353个，另有重文1163个。到了南朝顾野王的《玉篇》，增加到16917个。而一种语言，声韵系统再复杂，音节的数量毕竟有限，在词汇量激增的情况下，继续维持词汇的单音节体系显然绝不可能，汉语词汇向双音节、多音节的方向发展已是势在必行。荀子早在战国时代就已经指出：“单足以喻则单，单不足以喻则兼。”这是对当时汉语词汇复音化趋势的深刻描写。汉代以后的训诂家不再像《尔雅》那样主要以单音词训释单音词，而是经常采用复音词（主要是复合词）训释单音词，也是一个极好的证明。

2. 为了避免多义词，四声别义未能解决，只能通过复音节词来实现

词汇系统本身的急剧发展还表现在词义的发展变化上。我们知道，词义的发展变化，就是从一个词的本义上产生出一些引申义，这些引申义一经固定，就形成了多义词。为了避免多义词的混淆，古人曾经采用语音学的办法加以分化，那就是四声别义。四声别义，又名“读破”，这是把同一个字读成不同声调以区别词义的方法，例如“解衣衣我，推食食我”，后一“衣”和“食”字均读去声以表动词。但是，汉字的体制自古以来就是一字一音，如果在语言文字系统中发生一字多音，人们总是要求创造新的字形加以分化，而继续维持一字一音的制度，典型的例子如“食”（去声），后来又造出了“饲”字。现在四声别义却造成一字多音，这跟汉字的体制是格格不入的，所以，尽管南北朝时期的经师们曾经到处运用四声别义，制造了一大批多音字，但到后来，除了极少数几个字如“数”“遗”“量”以外，其余概不长命，未能传播。张世禄先生曾经说过：“词义变化的结果，常常同一个词分化而成为多种不同的解释，如果不把单音词改变成为复音的合成词，也就有意义混淆的弊病。”语音学的方法既然已经碰壁，自然只能回过头来求助于词汇学，于是就只有把单音节词改变为复音节词一个办法了。

3. 交际需要表意精确，促进了双音节化

汉语词汇复音化的第三个原因是语言交际功能要求不断提高词汇表义的精确性、明晰性，尽量避免负荷过大的多义单音词可能产生的歧义，汉语双音节合成词比单音词表义精确、清晰，这是因为一部分双音合成词的两个词素之间具有句法关系，例如“司空”“即位”“日食”“荡覆”，另一部分双音节合成词的两个词素之间则具有互训关系，即该合成词的意义等于两个词素所有义项中的共同义项，例如，“勤劳”“人民”“家室”“作为”。

4. 诗歌韵文中叠韵词联绵词的产生，推动了双音节化

汉语词汇复音化也与上古汉语中特别是诗歌韵文中多用叠音词、联绵词有关。如《诗经》中叠音词有 300 多个，双声联绵词、叠韵联绵词有 80 多个，这与《诗经》以四言为基本句式并且讲究声音的和谐回旋有直接的关系。汉代以后的辞赋、骈体文及诗歌作品中复音词也比散文作品为多，都与传统所谓汉语中的“连语”有一些瓜葛。另有两个造成汉语词汇复音化的因素：其一，上古具有复辅音声母的单音词通过增加元音的方式而成为具有单辅音声母的双音节词。如，“孔”，上古具有复辅音声母（比较泰语“孔”Klong），增加元音后变成“窟窿”Kolong；“角”，上古音＊krok（“角”，《广韵》古岳切，又卢谷切），增加元音后变成“角落”“旮旯”［Kala］，“风”，上古音 prem（比较谐声字：“风”—“岚”，又彝语“风”brum），增加元音后变成“孛缆”“飞廉”“毗蓝”。其二，外来词的音译。《尔雅·释天》载岁阳名“阏逢、旃蒙、柔兆、强圉……”，《史记·历书》则写作“焉逢、端蒙、游兆、强梧……”，这些两两对应的名称发音相同相近而文字形式不固定，正是音译外来词的特征之一。十分明显，这两种现象也是在汉语语音单纯化的情况下产生的。尽管这两种现象，特别是前一种现象造成的复音词只占汉语词汇总量的一小部分，但也应该说是词汇复音化的成因之一。

5. 为了省力和简洁

在汉语词汇复音化的过程中，如果词的音节有三四个，甚至更多一些，那么必然有音节繁多、冗长、难读的感觉，这时候人们总是要求尽量地缩减音节数。“科学技术”缩减成“科技”，“政治协商会议”缩减成“政协”，等等，常用的多音节词节缩的可能性在扩大，而在表义不够明确的时候则仍然采用三个以上的音节，如“共产主义青年团”缩减成“共青团”。这种节缩作用早在上古时期就已经开始了。例如甲骨刻辞中常见“三匚”连文，“三匚”即“三极”，指殷王室的三个先祖，即报乙、报丙、报丁；西周金文中的“三事”（又见于《诗经》）即：司报、司马、司空；《左传·僖公四年》“尔贡包茅不入，王祭不共，无以缩酒”，“包茅”就是“包裹用的菁茅”的缩减；《左传·宣公十六年》“王享有体荐，宴有折俎”，杜注说：“折俎，体解节折，升之于俎，物皆可食，所以示慈惠也”，说明“折俎”是“体解节折，升之于俎”这一词组化成的节缩词。因此可以说，当单音节词发展为复音节词的进程一开始，同时复音节词节缩为双音节词的现象也就开始了。

三千年来，汉语词汇就是在这种一方面要求音节数目复杂化；另一方面又要求音节数目简单化的矛盾斗争中不断发展，这种矛盾斗争的结果就是汉语词汇的双音节化。由此我们可以得出结论，殷商时代汉语的构词形态是单音节词，而词汇发展本身要求词汇数量丰富化、表义精确化，加以语音系统的简化的重要推动作用和其他一些因素，形成了汉语词汇双音节化的发展总趋势，到了现代汉语，双音节词已经成为汉语构词形态的基本形式。

进行地名考证，离不开同一时期的语言规律的研究和语言变迁的研究，只有还原相应的历史语境中，地名的解读和考证才有价值。两千年来困惑历代学者的西域地名的语源考证才能获得进展。

（作者单位：中国测绘科学研究院）

北京市

三举措做好地名普查验收

为贯彻国务院地名普查办的总体部署和要求，有序推进地名普查验收工作，保障成果质量，北京市地名普查办着力三项举措，做好地名普查成果验收工作。

一是落实要求，制定细则。根据国务院地名普查办印发的《第二次全国地名普查质量评价体系》和《第二次全国地名普查验收办法》（征求意见稿）（以下简称《验收办法》），市地名普查办印发了《关于做好地名普查验收工作的通知》，要求各相关单位加强组织领导，落实责任分工，切实高效开展地名普查验收工作。结合北京市地名普查工作实际，市地名普查办制定了北京市实施《验收办法》工作细则，并征求了区普查办的意见，目前正进一步修改完善。

二是试点先行，有序推进。市地名普查办选取了东城区景山街道作为全市地名普查验收工作的试点，并在区普查办的大力协调下，于2016年10月下旬召开了验收试点培训会。市地名普查办从验收标准、审核重点及难点答疑等方面对景山街道及其所辖8个社区的工作人员进行了培训。会后，景山街道认真落实要求，在5个工作日内，上交了4000余条属地审核成果。市地名普查办通过此次验收试点工作，进一步探索优化了普查验收的方法和步骤，也为下一步全市开展地名普查验收工作奠定基础。

三是全面部署，开展培训。市地名普查办于2016年11月23日开展了全市地名普查验收培训工作。培训中，市地名普查办传达了国务院地名普查办的要求和北京市普查验收工作的准备情况，对全市验收工作进行了部署，就时间节点、验收质量提出了要求，市地名普查办相关专家逐条讲解了《验收办法》、工作细则、验收流程和审核要点。各区地名普查办、外业单位、监理及质检单位共计80余人参加了培训。

福建省

召开全省区划地名工作会议

2017年1月5日,福建省区划地名工作会议在仙游县召开,省民政厅饶添发副厅长出席会议并讲话。

饶添发副厅长在讲话中肯定了过去一年全省区划地名工作特别是“二普”工作取得的成效,强调2017年要重点抓好4件事:一是善始善终抓好“二普”。要切实抓好普查质量,做好最后的普查验收、上报和归档工作。二是突出地名普查成果转化。要充分利用地名普查资料,积极开发地名文化产品,编辑出版一批有质量的地名图、录、典、志,推出一批能够使社会各界真正感受和使用到的,能够服务人民群众的地名普查成果。三是深入推进不规范地名整治工作。要结合地名普查,根据时间节点、步骤按时完成地名文化保护和清理整治不规范地名这项阶段性工作。四是切实加强地名文化建设。建立全省地名文化遗产保护名录,推进“千年古县”等地名文化遗产确认,开展地名文化遗产保护示范建设,挖掘相关地名文化资源,将遗产保护工作落实。

饶添发副厅长最后要求,各级区划地名干部要继续增强完成地名普查工作的紧迫感,切实做到重视再重视,学习再学习,把关再把关,抓紧再抓紧。

江西省

召开地名普查调度会加速推进地名普查

2016年12月26—27日,江西省地名普查办在宜春市召开全省第二次地名普查调度会,进一步统一思想,查找不足,研究对策,确保按时完成全省地名普查任务。省地名普查办主任,省民政厅党组成员、副厅长龚建辉出席会议并讲话。

龚建辉同志指出,自2016年7月后,全省各级普查机构坚持问题导向,上下齐努力,采取切实有效措施加快推进,实现地名普查提速增效。龚建辉同志强调,2017年是地名普查的收官之年,也是地名普查的最后冲刺阶段,各地要一如既往,保质保量,按时完成普查任务。一是要强化质量管控,保证普查质量。二是要强化时效观念,加快普查进度。三是要强化协调配合,形成工作合力。四是要强化应用观念，布局成果转化。龚建辉同志要求，各地要切实发挥组织领导作用，进一步增强使命意识、责任意识、进取意识，勇于担当，加强督导，确保安全，持续宣传，打好地名普查“攻坚战”，确保如期优质完成普查任务。

山东省

对地名普查质量检查提要求

为增强地名普查数据的准确性、完整性和成果的规范性，保障地名普查成果和数据库建设质量，根据地名普查的相关工作规程、质量管理规定、成果验收办法以及地名普查质量“自查”“核查”的有关要求，2017 年 1 月 3 日，山东省第二次全国地名普查领导小组办公室下发《关于做好地名普查质量检查工作的通知》（以下简称《通知》）。

《通知》对地名普查质量检查基本依据、检查内容、检查标准、量化指标和方式方法做了明确规范，并对质量检查提出相关要求：要加强组织领导，强化质量和成效。各市、县（市、区）地名普查领导小组和工作机构要高度重视地名普查质量检查的重要性，加强组织领导，确保质量检查的工作成效；要增强效率观念，按时完成质量检查。县级自查原则上在 2017 年 1 月底之前完成，市级核查务必在 2 月底之前完成，省地名普查办将结合各地质量检查情况适时启动省级成果验收；要注重检查质量，严格标准规范。各级要把质量检查作为保障地名普查效益、推进成果转化的重要手段抓实抓好，对于质量检查不合格的要责令限期整改，并追究相关人员的责任；要强化职能作用，搞好工作指导。市级地名普查工作机构要充分发挥职能作用，加强工作指导，对于在质量检查过程中发现、遇到的问题要及时组织协调和处理，确保质量检查工作顺利实施。

河南省

部署地名普查验收工作

为确保地名普查任务按时完成，省地名普查办组织召开了全省第二次全国地名普查 2017 年工作通气会。

省普查办陈旭阳副处长通报了各县（市、区）地名普查工作进展情况，指出了各县(市、区)工作不足的地方,部署了地名普查验收工作。陈旭阳指出全省地名普查验收工作按照“县级自查、市级核查、省级验收”三级验收体系进行,验收有三个工作原则:一是自下而上上报;二是完成一个验收一个;三是省级集中验收。全省所有县(市、区)在2017年3月20日之前完成验收上报工作。1月9—26日所有县(市、区)完成自查工作,2月底各省辖市完成核查工作,3月完成省级审核工作。

为落实国务院地名普查办关于地名普查中的保密安全工作,省普查办布置了地名普查云平台关闭的相关工作,要求各普查单位要强化保密意识,严格把握保密与公开、不公开的界定,处理好动态数据和静态数据的关系。

重庆市

“三举措”高效优质推进地名普查工作

夯实基础,严控质量。一是以业务培训促质量。市、区(县)两级召开培训会、现场会100余场,印发《地名普查登记样表》《普查软件使用手册》及各类专题培训资料1万余套,专题讲解外业、内业规范、数据录入检查、普查软件、预检查软件及普查网站使用等,指导各地采集信息、实地测量、标注地图、录入数据、制作成果、自查自检等。二是以过程监督提质量。聘请监理公司,按“四控三管一协调”制度对全市普查进行全程监督管理。每周召开市级监理例会,每月一次全市监理例会,解决普查中遇到的困难和问题。组建督查组,分7批次深入38个区县、130个乡镇(街)、280个村组(社),采取“一看、二核、三问”的方式,实地督促进度,把控质量。三是以自查评审保质量。市、区(县)两级成立信息、语言、历史、地理专家委员会41个,审核重要地名10余万条。委托重庆交大、市地理信息中心对地名文化属性信息和普查数据进行专业评审和比对。构建自下而上的普查数据评审管控体系,区县、乡镇、村社按一定比例分级抽检、评审,动员当地党员干部、老同志参与复审,查出漏统、少统、错统地名3万余条,及时整改完善,确保“质”和“量”。

加快进度,启动验收。一是坚持每月统计通报普查进展情况,将普查质量、进度等纳入年度民政工作考核,并作为各地补助资金安排的重要因素。二是制发《重庆市第二次全国地名普查验收实施细则》,从验收内容、程序及要求等方面进行规范。制定“1+4”市级验收方案,“1”即编制《重庆市第二次全国地名普查验收工作方案》,作为全市普查验收指导方案;“4”即针对普查重要内容制定的《重庆市第二次全国地名普查验收数据核对实施方案》《重庆市第二次全国地名普查验收地名文化属性信息评审实施方案》《重庆市第二次全国地名普查验收资料检验实施方案》和《重庆市第二次全国地名普查验收技术审验及实地核验实施方案》等分项子方案,进一步规范验收具体内容、标准、流程、方式方法等。目前,市普查办正在对渝中、江北、大渡口、九龙坡、南岸、北碚、长寿、梁平、垫江、城口、秀山、铜梁、酉阳、綦江、巫溪、合川16个区(县)及万盛经开区开展市级验收工作。

积极探索,加快应用。一是以渝中区普查成果数据为试点,在全国率先探索地名数据脱密,委托市地理信息中心具体实施,编制《重庆市第二次全国地名普查数据脱密技术方案》,对全市地名普查数据逐条检查脱密,同时对脱密结果负责。市保密局、市规划局联合进行地名普查数据脱密评审,确保涉密数据“零”遗漏。二是拟制《重庆市地名文化遗产保护工作实施方案》,通过建立市、区(县)两级保护名录、科学编制地名规划、严格新生地名规范、构筑地名文化载体、营造地名文化保护氛围等措施,进一步传承、保护重庆地名文化。三是开展“1+3”工程,“1规划”即落实《重庆市地名普查成果转化规划(2015—2020)》,转化应用成果。“3载体”即打造信息化地名,建立地名普查成果整理平台、区划地名数据库及地名地址库,建成并推广地名普查网站群,实现政务管理和公共服务的数字化、便民化。打造巴渝文化永恒地标,拍摄地名文化微视频10余部,设立大型地名文化墙、碑、雕塑7处,更换省县级界桩17颗,新增设置地名标志3000余个,探索建立“六有”地名标志等系列公共服务设施,让地名照亮回家的路。

沙坪坝区推进地名普查验收全覆盖

从2015年9月开始,沙坪坝区第二次全国地名普查领导小组耗时一年多,对区域范围内的地名及相关属性信息进行了全面的调查、补充、更新、完善,基本摸清了全区30年来地名变化情况,建立完善了地名数据库,实现对地名普查成果的全覆盖检查验收。

1. 采取政府购买服务外包地名普查外业、内业工作,对普查人员进行专题培训。印发“二普”实施方案,制定“二普”信息填报质量控制和检查方案,建立涉密数据范围与保密责任等相关制度并公示。对技术服务公司提供的普查成果类的 8 项内容开展了验收工作，并出具了《质量检查验收报告》。

2. 建立横向联检机制，召开地名普查工作联席会，实现周周沟通交流普查情况，讨论所遇问题，提出解决方案。将非标地名清理、一镇一街图、档案管理等纳入普查工作。向成员单位和街道实地发放地名登记表。对清理出的 217 条非标准地名采取标准化登记备案；对“大洋怪重”的非标准地名采取整改。检查地名目录 7203 条，修改 2678 条；审核老地名文化（纪念地类、道路类）1232 条，修改 232 处。

3. 新设、更新地名标志，填写地名标志登记表，采集地名位置信息经纬度；确保新设、更新的地名标志与相关的照片、视频、语音资料完全挂接，数据库录入的地名目录入库率为 100%。

4. 自 2016 年 4 月初，开通“沙坪坝区第二次全国地名普查”微博公众号，通过广播、各级街镇张贴栏、小区宣传栏、纸媒等多种渠道对地名普查进行宣传。开展耗时 4 个月的自查，达到普查成果 100% 合格。

西藏自治区

牢固树立地名普查“一盘棋”思想

第二次全国地名普查工作开展以来，西藏始终高度重视地名普查工作，牢固树立地名普查全国“一盘棋”思想，切实把业务指导和督导检查作为工作重点，及时了解掌握工作进展情况，及时解决工作中存在的困难和问题，及时研究部署工作对策措施，扎实推进西藏地名普查各项工作。

自治区地名普查办公室向各市（地）下发了《关于西藏自治区第二次全国地名普查进展情况的通报》（藏地名普查办发〔2016〕7 号），通报截至目前全区地名普查工作进展情况，督促普查进展缓慢的个别市，并就做好下一步工作提出了明确要求：一是继续加强地名标志设置、数据库、图、录、典、志的制作和档案管理、成果转化等后续工作，全面完成地名普查工作任务。二是要求仍未完成普查任务的昌都市要切实重视地名普查工作，明确任务完成时限，把责任落到人头，确保按时保质保量完成普查任务。三是切实加强资金使用管理，强化风险防控，严禁挤占挪用、贪污浪费，确保专款专用、廉洁高效。四是突出清理整治“一地多名、一名多地”的地名重名问题，进一步加强清理整治不规范地名，做好地名标准化处理工作。

截至目前，林芝、阿里、日喀则、山南、拉萨、那曲6市（地）全部完成了地名普查内外业任务。全区74个县（区）中，已完成64个县（区）地名普查任务。昌都市10个县（区）普查外业基本完成，正在开展内业整理。目前，自治区普查办对昌都工作提出了具体要求，明确了任务完成时限。

陕西省

铜川市“一转化三配合六结合”全面推动普查

铜川市在第二次全国地名普查中采取“一转化、三配合、六结合”的工作方法，及早动手，主动作为，敢创敢试，抓重点，攻难点，务实推进，取得了明显的阶段性成效，普查工作走在了前列。

“一转化”，即紧紧围绕普查成果转化，精心组织搞普查，深入挖掘铜川市地名文化，实现普查成果效益的最大化。

“三配合”，即各级普查办与行业部门相配合、普查办与技术服务外包公司相配合、普查员与地名专家相配合，相互协作，齐抓共管搞好普查。

“六结合”，即普查与宣传相结合，以宣传为普查营造氛围，以宣传普查成果推动普查；技术服务外包公司审核与地名专家审核相结合，发挥外包公司技术优势与地名专家专业优势，提升普查质量；内业工作与外业调查相结合，按照“内业—外业—内业”的工作步骤，内外业结合，相互补充、相互完善，提高普查效率；地名普查与成果转化相结合，围绕转化搞普查，边普查边转化，以转化促普查；日常工作与督查督导相结合，在搞好日常普查工作的同时，坚持定期不定期督查督导，发现问题，及时督查整改，促进普查工作顺利开展；电话督导与上门督导相结合，对普查工作进度慢及存在问题的单位采取电话督导和工作人员持函上门督导相结合的方式，及时解决存在问题，多措并举推动普查工作深入开展。

汉中市“四个步骤”快速推进地名普查工作

近期，省地名普查办第二督导组对汉中市地名普查工作进行了专项督查。

汉中市普查办就督查中发现的问题及时进行了分析和研究，坚持以问题整改为导向，采取4个步骤，督促全市地名普查工作全面攻坚。

一是以问题整改为导向，力推全市“二普”工作快速开展。省厅督查之后，市普查办迅速将督查情况整理成通报，列出问题清单，以正式文件向全市印发，要求各县区认真自查自纠，就已经出现的问题尽快制订整改方案、明确时限整改；就下一步工作制订详细计划，按天划分任务，按天倒排工期，确保工作按时间节点完成。

二是以奖优罚后为手段，督促人力、物力向“二普”工作更多倾斜。将“二普”工作作为年终考核重要指标，市局安排7个考核小组由局领导带队逐一到各县区开展专项考核、重点督促。根据考核结果对各县区量化排名，并划拨一定资金进行专门奖励，对进展滞后的县区年终评优时一票否决，以督促部门、镇村更加重视“二普”工作，积极参与“二普”工作。

三是以督促进度为目标，开展继督查之后新一轮业务指导。市普查办派出工作组通过实地查看各县区进度，回访整改情况，了解困难、发现问题、研究解决办法等方式，对全市普查工作进行了新一轮业务指导，及时查漏补缺、纠正偏差，为全面完成任务争取时间。

四是以激励滞后为重点，全面通报进度排名，统筹全市普查工作均衡进展。全市“二普”工作以3天一统计，1周一通报的方式向全市通报进度排名，向滞后县区施加压力，督促其尽快追赶进度。

北京市、河北省

京冀线第三轮联检工作部署会议召开

2017年2月22日,京冀线第三轮联检工作部署会议在石家庄市召开。会议宣读了《河北省与北京市行政区域界线第三轮联合检查工作实施方案》,签署了《京冀线行政区域界线第三轮联检工作会议纪要》,成立了京冀线第三轮联检工作领导小组。

会议指出,京冀线全长1116.76千米,涉及北京市、河北省24个区、县(市、区)。京冀线第三轮联检工作是贯彻落实京津冀协同发展有关框架协议的重要内容,关系到两省(市)边界地区的社会稳定和民族团结,关系到两省(市)边界地区的经济发展和社会进步,各地要高度重视、密切配合、通力协作,认真做好京冀线联检工作。

会议强调,各地要在京冀线第三轮联检工作领导小组的安排和指导下,按照《联检方案》的具体安排,扎实开展工作。沿线毗邻地区要成立相应的联检工作领导小组,按照界线联检要求,制订具体的联检计划,确定实施步骤,确保工作进度。

会议要求提高思想认识,认真学习领会会议精神;严格按照要求,扎实做好各项工作;密切沟通配合,积极主动开展工作;明确时间节点,确保按时完成联检任务并上报成果,力争在年度考核中取得满分。

内蒙古自治区、黑龙江省

蒙黑线界桩更换工作圆满完成

2016年7月至12月,按照《民政部办公厅关于省界界桩更换工作2016年度工作安排的通知》和《内蒙古自治区和黑龙江省行政区域界线界桩更换工作实施方案》,内蒙古自治区与黑龙江省精心组织、规范实施,圆满完成了蒙黑线界桩更换工作。

为圆满完成此次蒙黑线行政区域界线界桩更换工作,两省(区)联合制订实施方案,严格按照政府采购规定和程序申报界桩更换专项资金50.4万元。两省(区)民政厅区划处派员于2016年8月带领两省(区)测绘单位技术员沿蒙黑线进行两省(区)省界界桩更换实地勘查测量工作,经现场勘查、实地测量,认真核对界桩坐标及方位物等手段,对全线23颗界桩一一进行校正定位。

通过此次更换界桩工作，全面梳理和解决了蒙黑边界上存在的问题，为今后两省(区)边界地区和谐稳定奠定了良好基础，同时，也为内蒙古自治区与其他7条省级行政区域界线界桩管护工作提供了借鉴经验。

湖南省、广东省

湘粤线第三轮联检工作圆满完成

2016年11月9日，湘粤线第三轮联检工作第二次联席会议在广东省广州市召开，湖南、广东两省民政厅、毗邻双方市、县民政局负责人和工作人员共50余人参加会议。湖南省民政厅副厅长邓磊和广东省民政厅副厅长饶美奕共同签署了《湘粤省界第三轮联检工作成果验收表》，会议通过了《联检工作报告》，湘粤线第三轮联检工作至此圆满完成。

湘粤两省行政区域界线全长558千米，沿线共有15颗界桩，界线涉及湖南省的郴州市和永州市与广东省的韶关市和清远市及所辖的12个县(市)。从2016年年初开始，两省毗邻市、县(市)密切配合，成立了联检工作领导小组，制订了联检工作方案，进行了逐段、逐点联合检查，撰写了《联检报告》，完善了联检档案。邓磊副厅长强调:一要充分肯定本轮联检的成绩，这次联检全面掌握了界线管理、界桩管护等情况，对损毁的界桩及时进行了维护，确保了界线走向清晰、界桩完好、资料完整规范。二要认真总结湘粤线管理工作的成功经验，引领今后工作，确保界线管理各项工作落到实处。三要创新工作思路，推动平安边界创建深入发展，要以建立“联会、联谊、联防、联调、联治、联创”六联工作机制为抓手，积极扎实推动平安边界创建工作向基层、向平时、向日常延伸，确保各种矛盾隐患发现得早、化解得了、控制得住、处理得好。

地名单一罗马化的现状与趋势

刘连安

所谓地名单一罗马化就是为了在国际交流中使用标准化的地名信息，非罗马字母书写的各种语言，其地名应按照单一的规则转为罗马字母拼写形式，以便识别。半个世纪以来，世界地名单一罗马化工作取得了巨大进展，但受到政治、文化等因素的影响，全球真正实现地名单一罗马化尚需时日。

一、地名单一罗马化主张的提出及其进展

1967 年联合国地名标准化大会 9 号决议提出，鉴于地名罗马化系统的混乱，为便于国际使用，“建议以科学的原则为依据，对每种非罗马的字母或字符罗马化为单一罗马化系统达成协议”。也就是说，为了在国际交往中使用标准化的地名，不使用罗马字母书写的各语言，如使用西里尔字母的俄语、保加利亚语，使用阿拉伯字母的阿拉伯语、波斯语，使用天城体字母的印地语、尼泊尔语等，都应按照科学、唯一的原则转写成罗马字母书写形式。

那么，以前的地名罗马化拼写混乱到什么程度呢？例如我国首都北京，按照威妥玛式拼音拼作 Pei-ching，按照旧邮政式拼音拼作 Peking，法语中写成 Pékin，西班牙语中写成 Pekín，葡萄牙语中写成 Pequim；俄罗斯首都莫斯科在英语中写成 Moscow，法语中写成 Moscou，在德语中写成 Moskau。这种状况不利于信息交流，不利于全球经济、文化的发展。作为具有重要指位作用的专有名词，地名信息的标准化是各国的共同目标。

联合国提出单一罗马化的倡议后，几十年来取得了巨大进展。截至 2016 年，联合国地名标准化大会正式批准的地名单一罗马化系统有 30 种，包括汉语、俄语、乌尔都语等。已有方案，但尚未得到批准的地名单一罗马化系统有 15 种，

包括朝鲜(韩国)语、老挝语、日语等。可以说,世界绝大多数地名的罗马字母转写都有技术标准可供选择。

但是,这是否意味着世界地名单一罗马化的目标已经或者说即将实现呢?从几种重要语言的地名罗马化状况来看,情况恐怕不是这样的。

二、很多语言存在多个地名罗马化转写系统

要实现世界地名单一罗马化,使用非罗马字母书写的地名应按照单一的规则转为罗马字母拼写形式。但是,目前很多语言都存在多个罗马化系统,直接导致了写成罗马字母时大量地名存在一名多写现象,降低了地名标准化水准。本文以俄语、阿拉伯语、日语、朝鲜(韩国)语等重要语言为例,对有关情况进行分析。

1. 俄语

早在1944年,美国地名委员会(英语简称为BGN)就制定了俄语罗马化系统,用于开展俄语地名信息资料的处理。该系统注意照顾母语为英语者的使用习惯,不使用特殊的附加符号,因此在1947年得到英国常设地名委员会(英语简称为PCGN)的认可,成为美、英两国的共同标准。

1971年,苏联测绘制图局制定了俄语罗马化系统,代号为"GOST 16876"(1973年、1980年、1983年进行过小幅度修订)。该系统包含了两个转写表,表一为俄语字母与罗马字母一一对应,但某些罗马字母增加了附加符号。表二为俄语字母与一个或多个罗马字母相对应,罗马字母不使用附加符号。例如,俄语字母Ж按照表一转写为ž,按照表二转写为zh;俄语字母Ч按照表一转写为č,按照表二转写为ch。这样GOST 16876既能满足字母一一对应转写的需要,也能满足尽量少用附加符号的需要。

该系统产生了很大影响。1978年,在对GOST 16876进行了少量修改后,经济互助委员会(由苏联组织建立的一个由社会主义国家组成的政治经济合作组织,存在时间为1949—1991年,英语简称为Comecon)将其确认为俄语罗马化的国际标准,编号为"SEV 1362-78"。1987年,第五届联合国地名标准化大会批准了基于GOST 16876的俄语罗马化转写系统。联合国的决定实际意味着前苏联的罗马化转写系统成为了国际标准。此后,该系统不仅被俄罗斯在地名、地图

产品中广泛使用，而且在国际南极科学委员会等国际组织的工作中也得到应用。

2002 年，俄罗斯决定以“ISO 9：1995”取代 GOST 16876，在俄罗斯国内的编号为“GOST 7.79－2000”。该系统实际沿用了 GOST 16876 中表一的精神，追求每个俄语字母与罗马字母实现一一对应。与联合国批准的系统有三个字母的转写差异：щ 不转写为 šč，而写成 ŝ；ю 不转写为 ju，而写成 û；я 不转写为 ja，而写成 â。

但是，长期以来，使用罗马字母的西方国家均按照自己的转写系统开展俄语地名的罗马字母拼写。在英国出版的《泰晤士世界地图集》等图书上都采用英美转写系统。

上述事实表明，在世界范围内实现俄语地名单一罗马化拼写还需要有关各方的进一步努力。

2. 阿拉伯语

阿拉伯语是联合国正式语言，也是 20 多个阿拉伯国家的共同语言。从语言学的角度来说，由于阿拉伯语从右往左书写，元音和变音符号经常被省略，且有很多独特的发音，因此将阿拉伯语地名转写为罗马字母有一定困难。起初，西方人曾经想用记录语音的方式开展阿拉伯语罗马化，但很快发现陷入方言的泥沼难以自拔。另外，由于阿拉伯各国曾一度沦为英、法、德、意等西方国家的殖民地，阿拉伯语地名罗马化也很自然地受到各种欧洲语言发音特点的影响。例如，按照英语发音规则的 Shaheen，按照法语发音规则就会被拼作 Chahine。更重要的是，由于阿拉伯世界政治、历史原因及方言与标准语发音的差异，导致有多种阿拉伯语地名的罗马字母转写系统并存，长期无法统一。现行具有较大影响力的阿拉伯语地名罗马化系统主要有以下几种：

第一种是英美转写系统，为 1956 年美国地名委员会和英国地名常设委员会共同制定。这一系统的特点是完全按照阿拉伯语标准音转写，最大限度地忽略方言差异，而且该系统以英语为基础设计，有利于讲英语的人对阿拉伯语词汇的发音。该系统对阿拉伯语的元音系统按照其音位来转写，如开口符统一罗马化为 a，齐齿符为 I，合口符为 u，不考虑元音音素的实际读音。同时，该系统中的阿拉伯语辅音字母、发音符号与罗马字母一一对应。这种标准化的处理方式带来正反两方面结果：好处是罗马化转写结果具有可逆性，从某一地名的罗马化形式可以准确还原为对应的阿拉伯语形式，缺点是有些地名的罗马化读音与其实际读音差别很大。

第二种是埃及转写系统，在 20 世纪 30 年代由埃及测绘局制定。这一系统是以阿拉伯语标准音为基础，并照顾了埃及方言的特点，如硬腭音在埃及的特殊读法。此转写系统通用于埃及和苏丹。它与英美转写系统的一个不同点是更多使用了点“.”而非撇号“,”作为附加符号。

第三种是法语转写系统。该系统的特点是用法语字母转写，不但充分考虑了法语发音，而且照顾到阿拉伯语马格里布方言等一些当地的实际发音。法语转写系统通用于阿尔及利亚、摩洛哥、突尼斯、黎巴嫩、吉布提、毛里塔尼亚等几个国家。

第四种是联合国地名专家组认定的“贝鲁特方案(Beirut System)”。由于多种转写系统并存，同一个阿拉伯语地名，转成罗马字母拼写后有差异。以阿拉伯语地名通名“山”为例，英美转写系统转写为 Jabal，埃及转写系统转写为 Gebel，法语转写系统转写为 Djebel。专名由于罗马化形式不统一而指代不明，容易造成理解上的误会，专家学者强烈要求推动阿拉伯语地名罗马化统一的工作。在这一背景下，20 世纪 70 年代之后，西亚、北非等十几个阿拉伯国家提出了新的阿拉伯语罗马字母转写系统，1971 年在阿拉伯国家联盟会议上得以通过，被称为“贝鲁特方案”。目前约旦采用该系统。该系统后经修订，称“贝鲁特修正案(Amended Beirut System)”。1972 年，“贝鲁特修正案”在第二届联合国地名标准化大会上获得通过，成为联合国认定的地名单一罗马化国际标准。它与英美转写系统十分相似，只有采用的罗马字母附加符号、对冠词的处理方式等方面不同。例如，根据英美转写系统，巴士拉转写为 Al-Başrah，利雅得转写为 Ar-Riyāḑ，而根据“贝鲁特修正案”，冠词小写。上述地名分别转写为 al-Başrah 和 ar-Riyāḑ。

由于该系统与英美转写系统十分相似，那些受法国文化影响较多的阿拉伯国家态度消极。另外，20 多个阿拉伯国家之间方言差异明显，对转写技术细节难以统一意见。种种复杂的原因导致该系统未能得到广泛应用。迄今没有任何阿拉伯国家正式、全面地采用该系统。沙特阿拉伯、利比亚、也门、伊拉克、科威特、阿联酋等国家在出版地图时采用了该系统，但大都省略了附加符号，而且在地名标志等载体上仍沿袭了旧拼法。突尼斯在地图上使用这套系统时,为了表达本国地名的特点,增加了字母“g”。1998年以来,阿拉伯国家开始对这套系统进行修订,形成了修订方案,但迄今尚未完成阿拉伯国家联盟内部的审批程序。

第五种是国际标准化组织的“ISO 233:1984”方案。该方案的特点是对每一个阿拉伯语字母和附加符号都给出对应的罗马字母和附加符号拼写。例如阿拉伯语中的长元音ا(ā),ـِي(ī)、ـُو(ū)分别转写为a’,iy、uw。

综上所述,由于国家众多、外部影响复杂、方言差异等原因,实现阿拉伯语地名单一罗马化拼写仍面临很多困难,需要逐步设法克服。

3. **日语**

作为亚洲重要国家的日本,在地名单一罗马化方面长期无法摆脱尴尬处境。对日语罗马化的探索早在16世纪已经出现。明治维新时期,对日语罗马化的讨论在日本形成了热潮,出现了多种日语罗马化系统。

目前日本国内两种地名罗马化转写系统并行,一种是日本政府以内阁法令形式颁布的“训令式”转写系统(罗马字母拼写为Kunrei-siki),它是由日本罗马字会的田中馆爱橘、田丸卓郎等著名学者根据日语语音特征,在日本式拼音法的基础上改进的,先后于1937年、1954年由内阁作为训令颁布。这一转写系统目前用于日本国家地图集、海上保安厅的海图等出版物、学校教科书、地名词典、日本各气象站名称等。多数日本学者认为,“训令式”方案较符合日语的语音结构,便于掌握,是最佳方案。日本政府希望最终以训令式作为实现日语地名罗马化拼写的国际标准。

另外一种是赫本修正式转写系统(the Modified Hepburn System,罗马字母拼写为Syûsei Hebon Siki),它是在原来的“赫本式”(也称平文式、黑本式)基础上经部分修订而成。“赫本式”是美籍传教士詹姆斯·柯蒂斯·赫本(James Curtis Hepburn,笔名“平文”。1815年至1911年即日本江户时代被派到日本从事医疗及传教工作)于明治年代编写日英词典作为注音字母而作。赫本修正式这一系统目前应用于国际航海图、地质图、联合国人口统计资料以及日本对外文件中。日本国内出版的一些地名、地图产品,以及世界上很多知名地图产品都采用这一转写系统。与此同时,这一系统也广泛用于站牌、护照、英语报刊及百科全书中。

相比而言,赫本修正式是为美国人服务的,符合英语的语言习惯,而训令式更贴近日语的实际。从技术上说，两种转写系统差距并不大，在100个假名音节中只有14个转写不一致。但这导致的地名拼写差异足以令人倍感疑惑。例如福生（ふっさし）按照训令式拼为 Hussa Si，按照赫本修正式拼为 Fussa-shi。单纯看拼写，谁能猜到是同一条地名呢？两者在书写规则上也有差异。以著名的富士山为例，在训令式中其地名的专名和通名的首字母大写，即 Huzi San，而在赫本修正式中，通名的首字母小写，且中间以“-”与专名连接，即 Fuji-san。

第二次世界大战以后，美国对日本政治、经济、文化领域产生了很大影响，英语教育在日本盛行，美军曾下令将日本街路名称和车站名称等一律改用赫本修正式拼写。赫本修正式和训令式在地名拼写上形成抗衡局面。在统一比较困难的前提下，日本政府承认了两者并存的现状。1989年国际标准化组织（ISO）批准将日本提交的训令式拼写系统作为罗马字母书写日语的国际标准（ISO3602）。但在两种系统广泛使用，甚至赫本修正式的应用相对更广的情况下，何日能实现日语地名单一罗马化目前尚无明确时间表，两种系统并存的局面将会长期持续。

可见，尽管日语地名的罗马化拼写技术路线比较明确，但由于政治形势的影响，一条日语地名两种拼法并存是目前的现实。何时能实现日语地名的单一罗马化还是未知数。

4. 朝鲜（韩国）语

朝鲜（韩国）语是朝鲜和韩国的官方语言，约有7500万人使用。朝鲜（韩国）语目前使用的独特文字被称为“谚文”。自西方殖民者到达朝鲜半岛以来，就出现了将朝鲜（韩国）语加以罗马化的需求。据统计，1900年以来先后出现的朝鲜（韩国）语罗马化系统多达十几种。其中目前影响最大的有三种。

在西方各国广为流行的是“马科恩—赖肖尔修正式”（McCune-Reischauer system，英文简称为 MR system）。这一转写系统以它的设计者的姓氏命名。乔治·马科恩（Geroge. M. McCune，1908—1948）是美裔朝鲜人，其父是美国传教士。马科恩致力于研究朝鲜历史，曾担任美国加州大学伯克利分校历史学副教授。埃德温·赖肖尔（Edwin Oldfather Reischauer，1910—1990）是出生在日本的美国人，其父母皆为美国传教士。赖肖尔曾在美国、法国、日本、中国等地学习、工作，是专攻远东诸语言的语言学家，同时也是一位历史学家，并曾担任美国驻日本大使。1939年，马科恩和赖肖尔合作设计了朝鲜（韩国）语的罗马化系统。

该系统的出发点是帮助以母语为英语的人掌握朝鲜（韩国）语服务，综合运用音译和转写两种方法实现朝鲜（韩国）语的罗马化。不仅西方很多国家的政府和科研机构，如美国、英国、澳大利亚、德国、意大利、荷兰、瑞典和瑞士，在以罗马字母转写朝鲜（韩国）人名地名时广泛采用这一系统，朝鲜、韩国也曾长期应用这一系统。1945 年该系统被美国地名委员会和英国常设地名委员会采纳为朝鲜（韩国）语地名罗马化的技术标准。在韩国采纳新的地名罗马化系统后，目前美国、英国对朝鲜地名仍使用“马科恩—赖肖尔修正式”转写，而对韩国地名则采纳韩国的标准。总体而言，在朝鲜（韩国）语罗马化方面，“马科恩—赖肖尔修正式”目前仍然是应用十分广泛的技术规范。

由于“马科恩—赖肖尔修正式”主要为西方人服务，更多地反映了英语语言习惯，因此难以被朝鲜半岛的人们接受。韩国在 1984 年以前曾将“马科恩—赖肖尔修正式”作为正式的罗马化系统，但推广效果不佳。半岛需要真正反映朝鲜（韩国）语特点，易于掌握的罗马化系统。因此，朝鲜、韩国都积极开展了朝鲜（韩国）语罗马化系统的研究、设计工作。

朝鲜在 20 世纪 60 年代公布了本国的朝鲜谚文罗马化转写系统，并出版了罗马字母版的朝鲜地图。1988 年朝鲜向联合国提交了本国的罗马化转写规则。2002 年、2012 年朝鲜两次对该系统进行完善。该系统强调罗马化拼写主要是为了国际交流，因此应尊重历史习惯，特别是要能从罗马拼写形式准确地返回谚文写法。针对谚文中辅音区分松辅音、紧辅音、激辅音等，而不是类似西方语言中区分清辅音、浊辅音的问题，为了更易于操作，朝鲜的罗马化系统采用字母对字母转写的方法，尽量忽视朝鲜（韩国）语中情况复杂的读音变化，以便对以罗马字母形式拼写的朝鲜半岛地名能准确地转回谚文形式。例如，对于字母ㅂ、ㄷ、ㄱ，不考虑其发音变化，一律转写为 p、t、k。为了实现一一对应，解决罗马字母数量远远少于颜文字母的问题，保留使用附加符号。例如ㅓ转写为 ŏ，ㅡ转写为 ŭ，ㅕ转写为 yŏ，ㅢ转写为 ŭi。据此，殷栗（은률）拼作 Ŭnryul，全罗道（전라도）拼作 Jŏllado。

1959 年，韩国发布了该国的罗马化转写系统。该系统属于字母对字母的转写，优点是可逆的，易于从罗马字母还原，缺点是不能表达真正的韩国语读音。该系统在韩国推广效果不佳，为了更好地给地名标志注音，韩国在 1984 年发布了新系统，并于 2000 年进行了修订。新系统强调了真正读音的表达。必须指

出，该系统有积极意义。因为旧的转写系统没有充分考虑到朝鲜（韩国）语的语音特点，拘泥于西方人的习惯，保留送气符号“’”和变音符号“ν”等附加符号。在实际使用中，特别是当使用计算机录入时，由于书写不便，附加符号常被省略，极易造成词汇拼写的混乱。新系统从谚文的语言特点出发，尽量避免使用附加符号，例如ㅓ转写为 eo 而不是 ŏ，ㅡ转写为 eu 而不是 ŭ。辅音ㅂ、ㄷ、ㄱ位于元音之前时转写为 b、d、g，其他情况下转写为 p、t、k，而不是按照“马科恩—赖肖尔修正式”一律转写为 p、t、k。据此，韩国的釜山（부산）就应拼作 Busan，而不是 Pusan；龟尾（구미）应拼作 Gumi，而不是 Kumi。将ㅋ、ㅌ、ㅍ转写为 k、t、p，而不是按照“马科恩—赖肖尔修正式”转写为 k’、t’、p’。这样一方面避免了送气符号遗漏而引起的混乱；另一方面又避免了 b、d、g 三个字母的闲置，更加符合韩国语的实际发音。这一系统已经广泛应用于韩国的地图、旅游手册、街道、地铁、铁路和各种建筑物名称上面。但是，也有一些品牌名、机构名中的地名拼写沿袭了旧拼法。例如，釜山国立大学的英语名继续使用 Pusan National University，未将釜山改拼为 Busan，大邱放送广播电视台的英语名称继续使用 Taegu Broadcasting Corporation（简称 TBC），未将大邱改拼为 Daegu。

针对朝鲜（韩国）语地名罗马化多种系统并存，导致朝鲜半岛地名罗马化拼写不一致的情况，在 1987 年的第五届联合国地名标准化会议上，韩国向联合国提交了本国的罗马化转写系统，要求将其作为朝鲜和韩国地名单一罗马化的决议草案，专家组考虑地名单一罗马化涉及北南双方，建议双方应通过对话解决。此后，在联合国地名专家组及部分外国专家的帮助下，朝鲜、韩国双方就统一朝鲜（韩国）语的罗马化系统问题多次开展磋商。虽然双方表达了联合开展相关研究，共同编制词典等意愿，但最终都未能真正落实。朝鲜（韩国）地名何日能实现单一罗马化拼写尚须拭目以待。

三、地名罗马化应用中存在英语化倾向的干扰

世界地名单一罗马化给人们的生活带来了实实在在的好处。我们也许看不懂서울、Москва、دمشق，但只要认识 Seoul、Moscow、Damascus 就可以到各国旅游。世界很多国家都在地名单一罗马化方面做了大量扎扎实实的工作，取得了巨大成就。使用罗马字母的国家，地名直接用本国语言书写，例如下图中德国柏林的

卡尔·马克思大道(Karl-Marx-Allee),莱比锡大街(Leipziger Straße),法国巴黎的韦尔内大街(RUE VERNET),都是直接用本国语言拼写。

图1　德国柏林卡尔·马克思大道的路标

www.alamy.com - CF8EMY

图2　德国柏林莱比锡大街的路标

图3　法国巴黎韦尔内大街的路标

使用非罗马字母的国家，地名进行罗马化拼写。例如图 4 中以色列将“内韦伊兰”拼写为“NEVE IIAN”，“基利亚特耶阿里姆”拼写为“Kiryat Ye’arim”；图 5、6 中日本将“祇园”拼写为“Gion”，“三条大桥”拼写为“Sanjoohashi”，“花见小路”拼写为“Hanamikoji”。图 7、8、9 中，韩国将“仁寺洞 14 街”拼写为“Insadong 14-gil”，“马场路”拼写为“Majang-ro”，“新设洞”拼写为“Sinseol-dong”。

图 4　以色列特拉维夫的交通标志

图 5　日本东京的交通标志

图 6　日本京都花见小路的交通标志

图7　韩国首尔仁寺洞的交通标志

图8　首尔马场路的交通标志

图9　首尔新设洞的交通标志

又如,日本外交部的地址"東京都千代田区霞が関 2－2－1"在英语中翻译为"2－2－1 Kasumigaseki, Chiyoda-ku, Tokyo",韩国外交部的地址"서울특별시 종로구 사직로 8 길 60"在英语中翻译为"60, Sajik-ro 8-gil, Jongno-gu, Seoul"。上述地址的翻译都完全遵循了地名罗马化的规则。

但是,由于英语在国际交往中的巨大影响力,在使用非罗马字母语言的国家中,地名罗马化拼写受到了英语化倾向的干扰。例如图 10 所示的埃及开罗的路牌上，将“街”标注为英语 street 的简写“ST.”，图 11、12 所示的阿拉伯联合酋长国交通标志中将“亚斯岛”拼写为 Yas Island，通名用英语意译，其首都迪拜的道路标志上，地名通名用英语意译为 Road。

图 10　埃及开罗的路标

图 11　阿拉伯联合酋长国的交通标志

图 12　阿拉伯联合酋长国迪拜的道路标志

四、结语

综上所述，尽管各国都认识到地名标准化的重要意义，联合国等国际组织为实现世界地名单一罗马化进行了不懈努力，但是，由于受到政治、思想、传统观念等复杂因素的影响，实现世界地名单一罗马化的目标还有漫长的道路要走，需要各国继续努力。

（作者系民政部地名研究所副所长）

知识普及

如何建立地名文化遗产名录体系

要结合各地实际进一步完善地名文化遗产评价、鉴定、确认的标准和程序，逐步建立国家和省、市、县四级地名文化遗产名录。国家和省、市、县地名工作主管部门分别负责本级地名文化遗产名录的认定批准工作。要按照《全国地名文化遗产保护工作实施方案》和《地名文化遗产鉴定》（MZ/T 033—2012）标准，遵循“公开、公平、公正”原则，坚持规范程序、科学认定、突出重点、有序推进，分级分类分批开展古城（都）、古县、古镇、古村落、古街巷地名以及甲骨文（金文）地名、少数民族语地名、著名山川地名、近现代重要地名等重点地名文化遗产认定工作。地方各级地名工作主管部门要从本级地名文化遗产名录中筛选出具有代表性的地名文化遗产向上级申报。对列入地名文化遗产名录的地名，要及时向社会公布，制订科学的保护计划，加强监督管理，进行有效保护。

用英文译写中国地名是违法行为

谢前明

地名历来是一个国家宣示主权的重要依据和证明，地名书写的国际标准则是国家尊严、民族自尊的重要体现。

我国现在街路牌、交通牌等有地名的标牌上，对地名的书写，除汉字地名以外，还附加用罗马字母书写该地名。大多数人可能会认为这是为标注地名读音的。其实不然，它的首要意图和主旨作用不是如何读音，而是标明这个汉字地名如果用外文应如何书写，即我国地名供世界各国统一使用的标准书写形式。这是为了适应我国改革开放，为世界交流提供方便的需要。当然它也有启发读音的作用。大家都知道，汉语拼音是分四个声调的，地名的标牌上对地名的书写并没有声调标注，如果不认识某个地名的汉字，一般是不易读准确的。

按照我国地名书写的国际标准的要求，在街路牌、交通标牌等标牌上，地名的专名和通名本来都应当以汉语拼音方案进行拼写，但现状却是往往将地名的通名以英文译写。这种现象在近几年愈演愈烈。不了解真相的人以为这是为了适应外国人的需要，其实这种做法完全是一种历史的倒退，反映出在如何对待中国地名拼写的问题上，有法不依，不尊重国家主权、亵渎民族尊严的错误做法，远没有得到人们应有的认识和关注。

本文希望通过以下几个问题的介绍和说明，使人们了解什么是地名拼写的国际标准；地名拼写国际标准的原则、意义和作用；为什么中国地名的国际标准规定必须以《汉语拼音方案》进行拼写，为什么用英文译写中国地名的通名是错误的及这样做的危害等，以达到正本清源，厘清当前这个畸形现象中各种模糊的、错误的认识和做法，使中国地名的国际标准化能得到社会广泛的了解，并使其得到真正彻底的贯彻。

一、为什么地名的书写要有国际标准

地名拼写的国际标准，就是提供给世界各国通用的、统一的地名书写标准。在没有国际标准化的情况下，某一个国家的同一个地名，在世界各国的书写形式可能是不同的：在 A 国家这样写，在 B 国家可能那样写。这种不一致的、甚至混乱的书写形式，使同一个地名在世界各国间可能对不上号，无疑会影响相互间的交流和交往，给邮政、通信、物流、国际事务、信息沟通等诸多方面造成实际的障碍。

为了解决同一个地名在世界各国中书写不一致的混乱现象和弊端，使世界各国的地名在国际通行中，有统一的、唯一的书写形式，以避免写法分歧、不一致所造成的交流、交往的障碍，1967 年第一届联合国地名标准化会议制定“单一罗马化”拼写原则。这一原则要求世界上各非罗马字母语种的国家，自主制定以罗马字母书写本国地名的方案，作为国际书写该国地名的统一标准。

为了达到这一要求，首先是联合国的有关成员国，需要确定本国地名用罗马字母拼写的标准方案，然后把地名的国家标准方案，提交联合国地名标准化会议获得通过后，正式作为该国地名在国际上的统一的书写形式，提供世界各国正确使用，成为世界各国遵照使用的、统一的、国际通行的标准书写形式。这一系列的工作简称为“地名的单一罗马化”。

二、正确理解执行“地名单一罗马化”的要求和内涵

根据地名单一罗马化的出发点和主旨作用，需要从以下几个层面全面认识和理解“地名单一罗马化”工作的要求和内涵。

全世界统一使用单一的罗马字母书写地名，以此确保在世界交流中，实现地名书写的唯一性。这个层面是对原来使用非罗马字母语种的国家的普遍要求。

以下两个层面是在用单一的罗马字母基础上，应进一步做到的具体要求，即做到两个单一性：

（一）要求有关主权国家制订一个本国地名的罗马字母书写方案

要求所制订的本国地名的罗马字母拼写方案应当是唯一的，以维护所确定的罗马字母书写方案，在世界通行中的统一性、唯一性。从这个层面可见，尽管世界各国都相约而同地用罗马字母书写地名，但不同国家制订的书写方案的规

则是有区别的。

（二）确保国际标准与其国家标准的一致性、单一性

地名国家标准是地名国际标准的基础，是地名单一罗马化的依据。只有确保地名国际标准与其国家标准的一致性，才能真正确保每个地名书写形式的单一性。所以这是落实地名单一罗马化的最关键的一环，即必须做到地名的全称（就是地名的专名和通名）都应当用各国所制订的标准的书写方案进行书写。不能将地名的通名和专名用不同的拼写系统进行拼写。否则，就破坏了地名国际标准与国家标准的一致性，这是违背“地名单一化”原则的。

举例说，要确定标准地名“中华路”的国际统一书写形式，应该做到：①按国际约定只采用罗马字母书写。②按《汉语拼音方案》进行书写为“Zhonghua Lu”，此即这个中国地名进行罗马字母书写的国家标准。③这个地名的国际书写形式，应当与这个地名的国家标准保持一致，也应当按《汉语拼音方案》不折不扣写成“Zhonghua Lu”。这样就完成了这个地名的单一罗马化工作。

现在出现的错误是没有对地名专名和通名都按《汉语拼音方案》进行拼写，而是掺入英文书写其通名，写成“Zhonghua Rd.”把一个完整的地名搞成了两张皮，这就破坏了这个地名的国际标准与国家标准的一致性，既不符合地名标准化的原则，也违背单一罗马化的原则。

三、《汉语拼音方案》是世界公认的书写中国地名的国际标准

从以上可见：在世界交流中，如何决定本国地名按什么标准正确书写，体现一个国家的主权和尊严。

但是，在中国处于半封建、半殖民地境地时期，没有自己的话语权，中国的地名不可能有主权的拼写法。那时中国的地名在世界各国的写法处于各行其是的状态，极不统一。如：在英文中主要用的是“威妥玛式”和“旧邮政式”两种拼法，供英文中音译中国人名、地名使用。除英语中使用这种拼法以外，其他如法语、德语、西班牙语都根据自己语言的特点有其各自的拼法。所以，同一个中国地名，在不同的罗马字母语种里的拼法是不同的。例如，“北京”这个地名语词，在英文、德文中拼作 Peking，法文拼作 Pekin，西班牙文写成 Pequim，意大利文写作 Pechino；“上海”这个地名词，英文拼作 Shanghai（和汉语拼音的拼法相同，但读音

不同)，而德文拼作 Schanghai，法文拼作 Ctianghai，自然其读音和汉语也不相同。写法如此混乱，严重影响国际间科学、文化、商贸等的正常交流。这种乱象就源于中国没有自己主权的拼写方案，这是国家的不幸和悲哀。

我国在 1971 年重返联合国后，即开始着手进行地名国际标准化的工作，并在 1975 年召开的联合国第六次地名专家组会议上，提出了我国“用汉语拼音拼写中国地名”的原则和方案，随后在 1977 年召开的联合国第三届地名标准化大会上，通过了“采用汉语拼音作为中国地名罗马字母拼法的国际标准”的决议。从此中国地名的罗马字母书写走上了主权的正确轨道。这是中国地名主权书写法对世界所宣示的国际标准。

1978 年，国务院批转了中国地名委员会等四单位《关于改用汉语拼音方案作为我国人名、地名罗马字母拼写法的统一规范的报告》，进一步明确规定我国地名应统一采用汉语拼音拼写。1986 年，国务院《地名管理条例》第八条规定：“中国地名的罗马字母拼写，以国家公布的《汉语拼音方案》作为统一规范。”其后，中国地名委员会会同国家有关部委于 1987 年和 1992 年两次发文，要求地名标志上的罗马字母拼写必须使用汉语拼音字母，不得用英文及其他外文。

1990 年以后，作为全国地名工作的行政主管部门的民政部，曾多次行文各有关部门，进一步明确规定：设置交通标志、公共交通站牌等，必须使用标准地名；拼写标准地名，必须使用汉语拼音方案，不得使用英文及其他外文。2000 年，第九届全国人大常务委员会第十八次会议通过的《中华人民共和国 国家通用语言文字法》中第十八条规定：“《汉语拼音方案》是中国人名、地名和中文文献罗马字母拼写法的统一规范，并用于汉字不便或不能使用的领域。”

中国地名拼写的国际标准确立以后，英、美、德、法、意、西等国家的地图、图书馆中的图书编目，都采用了汉语拼音来拼写中国的地名。

四、坚持以《汉语拼音方案》拼写中国地名的任务依然任重道远

每个地名语词都具有专名和通名两个不可分割的组成部分，就像人的名字有姓和名两个不可分割的组成部分一样。按照地名单一罗马化的原则和要求，对中国地名进行拼写时，只有对地名的专名和通名这两个不可分割的成分，都统一用《汉语拼音方案》进行拼写，才是正确的、完整的、单一的拼写，才能构成一个

完整的地名。

在对待中国地名的单一罗马化国际标准的问题上，国外都十分谨慎和十分尊重，而国内现存的做法却明显地作贱我们伟大的国家，到了不可思议的程度。

对比一下外国怎样对待我国地名的单一罗马化标准的做法，就能很清楚地鉴别在这个问题上的是与非：欧美等许多国家的驻华大使馆，在拼写其使馆所在地的街名时，专名和通名一律使用汉语拼音，坚持了中国地名的“单一罗马化”的国际标准原则。如美国大使馆将其驻地“秀水北街”正确地拼写为“Xiu Shui Bei Jie”；英国、葡萄牙和巴西大使馆将驻地“光华路”均拼写为“Guanghua Lu”；澳大利亚、德国、加拿大大使馆将驻地“东直门外大街”均写作“Dongzhimenwai Dajie”；法国大使馆将其驻地“三里屯东三街”写为“San Li Tun Dongsanjie”。以上举例，都严格执行对一个完整地名语词的整体都以汉语拼音方案进行拼写。难道这些国家大使馆的人没有看到，我们国内满街的用英文译写地名通名的标牌吗？但是这些国家使馆尊重我国制定的地名的国家标准、国际标准，没有随波逐流。这充分说明，在这个问题上国外对我国主权和尊严的尊重。

然而，遗憾的是，我们国内远未完全彻底地执行中国地名的国家标准和国际标准。现在举目所见社会上有地名的标牌上，经常出现在将专名用《汉语拼音方案》拼写的同时，却将地名的通名用英文译写的情况。这种把地名的专名与通名这两个不可分割的成分割裂开，用两种不同系统书写的做法，违背“《汉语拼音方案》是地名罗马字母书写的统一规范”的法律规定，违背国际上对地名单一罗马化的原则和要求。例如在道路交通指示牌和街路牌上：把道路名称中的“路(Lu)”，错误地用英文译作“Rd(road)”；把道路名称中的“街(Jie)”，错误地用英文翻译成“St(street)”；把道路名称中的“大道(Dadao)”，错误地英译为“Ave(avenue)”等。

对比外国使馆对待中国地名单一罗马化的态度和做法，至今仍在热衷于用英文书写我国地名的人应当汗颜。

我国地名单一罗马化国际标准的推行，至今已经将近40年，但在我们国内仍然存在旧社会拼写中国地名的残余不能根除，表明以英文译写中国地名的旧的习惯势力十分顽劣。

正确的地名罗马字母书写举例，应如下图：

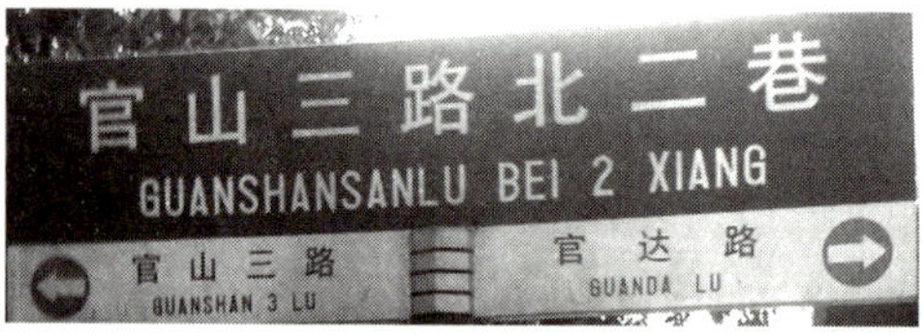

五、地名拼写存在严重违法行为的认识误区

（一）误区一：用英文能让外国人看得懂

为了迎合部分外国人，而无视中国地名拼写的国际标准，舍弃已经得到全世界公认和执行的标准拼写法，这种错误做法的主使者们硬要背道而驰，另搞一套，想方设法掺点“威妥玛式”英文译写的残余进去，一个自欺欺人的理由就是他们所说的“与国际接轨”。其实，这样做完全是历史的倒退。

广大民众不明真相，也以为这样就是适应开放，觉得在标志上用英文译文写地名顺理成章。这是广大民众被误导而产生的误解。

世界上不同国家、不同种族所使用的语言文字有上千种，世界各国来华的人未必都懂英语，对大多数世界各国的人来说，这样做显然是自作多情！只有用《汉语拼音方案》拼写我国地名，才是中国地名拼写真正与国际接轨的、唯一正确的拼写形式。这才是在维护国家主权和国家政策法律基础上，应当遵守的地名拼写的世界标准。

试想，在一个地名语词中，把不可分割的两个成分，既有汉语拼音又有英文凑在一起，就如把一个人的姓名分成两种不同的书写系统进行书写一样，成何体统？

（二）误区二：汉语拼音方案就是英文，以为用汉语拼音拼写和英文译写是一回事

我国的《汉语拼音方案》所选用的字母，是罗马字母，而不是英文。英文也只是借用了罗马字母。不能把二者混为一谈，这是必须首先加以澄清的。

我国《汉语拼音方案》中，使用罗马字母时的读音规则、语法规则、拼写规则、词序规则、分连写规则等，都有中华文化自身的特点和规律性，都有适合中国语言文字特点的特殊要求。汉语拼音方案与英文是两个不同的书写系统。把《汉语拼音方案》等同于英文是荒谬的、错误的。

（三）误区三：广大民众被堂而皇之的错误所误导、所迷惑

20 世纪 80 年代初，一批到广州的外国人，看到用英文译写的地名标牌，就曾对陪同的人提出质疑，说你们国家提交了以汉语拼音方案作为你国地名书写的国际标准，为什么你们自己还在用英文书写地名呢？在这些外国人的眼里，存在这种做法是很不可思议的，这难道不值得作为中国人的我们认真去思考和检讨吗?!

设置街路名称标志和交通标志的政府主管部门，应当是了解我国地名单一罗马化国际标准产生、发展的历史的，近 40 年过去了，至今在这类标志牌上，仍然存在英文译写中国地名的错误，根本的原因在于，部分官员将个人意志凌驾于国家法规之上，目无法纪，滥用手中掌握的权力，滥用纳税人的血汗钱，用毫无民族自尊的做法误导广大民众，致使谬误流传，不能根绝。广大民众绝不要以为这些堂而皇之写出来、挂上去的东西就是正确的；也不要以为这些完全错误的做法，只是相关政府部门的事。地名历来是一个国家宣示主权的重要依据和证明，地名按汉语拼音方案拼写则是国家和民族尊严的重要体现。

（四）误区四：忽视了地名拼写单一罗马化的社会普及宣传

中国地名单一罗马化的国际标准，中国地名的拼写，关系国家形象、国家主权、民族尊严，与民众的社会交流关系也非常密切。

但是，40 年来，对地名拼写的法规、政策等相关知识，通过文件的沟通和宣传工作做得比较充分，而面向社会的普及宣传，不论是相关行政主管部门和媒体都关注得少、重视不够，这是广大民众不了解地名拼写正确标准的主要原因。编写本文的目的，也是在于想力争通过各种宣传途径，尽量扩大社会知情面。

希望所有看到这篇内容的人，都能知道中国地名书写的真正国际标准、世界标准是什么，而不至于被现在举目所见的标志物上，用英文译写中国地名所误导。人人都能清楚不论什么部门、什么人所设置的公开标志物、公共交通站牌以及制作的地图等载体中，凡是要对中国地名用外文书写时，应当做到对地名的全称（包括专名与通名）都按《汉语拼音方案》进行书写，不应使用英文及其他外文，才是真正维护国家主权、尊严，才是遵守国家法规的正确行为。

（作者系第二次全国地名普查专家咨询委员会顾问、中国地名文化遗产保护促进会专家委员会委员）

城市住宅区大型建筑物命名乱象刍议

陈效忠　郭晓琳

地名是基础地理信息，是定位的符号、指向的工具，是信息传输的载体，具有明显的服务功能，涉及内政外交、新闻出版、测绘制图、邮电通信、交通旅游等各个方面，与人们生活息息相关。地名管理是社会治理的重要支撑，实现城市中公共安全、消防救灾、交通运输、邮电通信、快递物流等方面的精细管理，建立基层综合服务管理体系，推进基层社会治理创新等工作，都需要标准规范的地名信息。地名还是国家和民族历史的见证、文化的记忆、情感的寄托，是宝贵的文化遗产和精神财富。然而，随着我国城镇化水平的迅速提高，新地名大量涌现，新建住宅区、大型建筑物的命名出现了“非标准化”的问题。

一、现状和存在的问题

我国城镇化水平迅速提高，今后一个时期仍将加速发展。如此快速的城镇扩展，必然带来新地名的大量涌现，当然也带来了一系列问题，新建住宅区、大型建筑物的命名“非标准化”问题就是其中之一。经调研，当前山东各城市住宅区、大型建筑物的命名，存在“大、洋、怪、重”的问题，主要表现在以下方面：

（一）无通名现象突出

楼盘名一般由专名＋通名构成，根据民政部颁布的《地名管理条例实施细则》第三章第十四条的规定：“标准地名原则上由专名和通名两部分构成。”然而“原则上”意味着很多时候不讲原则，许多开发商给楼盘起名，只有专名，不写通名。例如潍坊市住宅小区，“去通名”所占比例为10.5%（如青建橄榄树、西虞天成、东方明珠、天润清源、佳利秀水、水岸东方、凯地城市之光），济南的1157个楼盘里，有121个没有通名，所占比例为10.46%（如三川丽景、天泰太阳树、鑫苑碧水尚景、泉星新里程、东领尚座、泉溪盛景、美里西湖印象、君逸左岸、西域新世纪），威海市“去通名”的楼盘名称占总数的11.54%（如龙都丽景、天筑绿洲、自由东方）。这种“去通名化”在各地呈现飞速发展之势。

（二）地名书写上存在滥用异体字、繁体字、外文单词的现象

异体字的滥用造成识读不便，以至难以理解其意义。这种现象在潍坊楼盘名中也有出现，如鑫丗纪家園（位于奎文潍州路688号）中的“丗”是“世”的异体字。现在的年轻人难以认读异体字，如果楼盘名中夹杂异体字，便会影响其传播。济南的住宅小区，使用繁体字的现象比较突出，如龍岱花園小区、中润裕華園、陽光新天地、雲曲山莊、萬盛園小區、文东裕華園、新龍大厦、赛賓大厦、齊鲁世紀園、吉華大厦、郵電新村、龍城國際等。据统计，名称中使用繁体字的楼盘49个，占楼盘总数的4.26%。此外，还有的建筑物违反国家法规，用外文来替代汉语拼音，如海正香醍湾crude landscape、金山财富广场jinshan fortune plaza。这些楼盘名大肆运用外文单词，看似具有国际范儿，实际上一些英文单词不仅词不达意，而且普通大众在接受时也有难度，并不是所有的外来和尚都好念经。

（三）地名晦涩难懂，令人费解

一些楼盘为了突出自己的与众不同，彰显定位的高雅，常常不顾组合后的语义，把一些寓意好的单词单字加以组合，其结果看似高雅实则语义不明。如潍坊的莹俊书香漫步、青建橄榄树、天同宜江南、卡纳圣菲、卡诺岛，位于济南的摩卡空间、大舜天成中国盒子、帕提欧·悦庭、金三角、黄金时代、泉溪盛景、生态印象、缤纷五洲等，楼盘中过度求奇，以致表意不明，不仅影响人的交际，也影响楼盘名的传播。

（四）住宅区、大型建筑物名称趋同模仿成习，区别性差，缺乏地方特色

以潍坊为例，如昌乐有盛景嘉苑、奎文有盛景嘉园，青州有青都国际城、安丘有青云·国际城，昌乐有芙蓉苑、青州有芙蓉居，诸城有万顺家园、安丘有天顺家园，高新技术开发区有翡翠苑、寒亭有翡翠园，经济开发区有吉祥家园和吉祥花园，寒亭有泰祥花苑和祥泰花园等。济南有盖家花园、盖佳花园；新馨家园、欣欣花园；重汽嘉祥苑、重汽嘉和苑、重汽嘉盛苑、重汽嘉兴苑、重汽嘉瑞苑；泉景天沅仁园、泉景天沅智园、泉景天沅晴园；伟东新都新金都、伟东新都新贵都、伟东新都新银都。这些楼盘名在对话交流中很容易出现误听、误解的现象。

（五）一楼多名

调查中发现，有时，同一座楼盘会有多个名称，一个是注册名，一个是销售名，这是开发商为提高销售额而采取的一种手段——在注册名之外又起一个销售名。据媒体报道，济南东部高新区有个小区叫“汇展香格里拉”，小区还有一个名字“汇展国际城”。经汇展香格里拉售楼处工作人员介绍，小区预售许可证上的名字是“汇展国际城”，起“汇展香格里拉”这个名字，是因为好听且利于销售。在长清大学城，开发商建设的“长泰大厦”，也曾经用“泉城1高”这个名字来进行宣传。像这样的一座楼盘有两个名字的还有很多，如“玫瑰花园”小区，在小区门口用了两个招牌，一个是“玫瑰花园”，一个是“玫瑰园”；再如“發祥巷小區”，竟用了两个招牌——“發祥巷小區”和“發祥巷”。一楼多名的现象，增加了人们的辨识和记忆负担，给人们生活带来了不便。

（六）用词夸张

随着房地产业迅速发展，竞争也越来越激烈，为了在众多的对手中脱颖而出，开发商可谓绞尽脑汁，运用夸张的手法来吸引消费者注意，将建筑物名称冠以“豪”“帝”“御”“盛世”这类词语。比如济南的“盛世名门”“万豪国际SOHO”“名士豪庭”“丁豪广场”“畔御景”“雍景豪庭”“万丰碧云豪庭”“汇豪名邸”，潍坊的“王侯嘉苑”“状元城”“至尊门第”“金帝锦苑”“晨辉帝都城”等。这些所谓的“豪”“帝”“御”“盛世”等用词过于夸张，导致消费者无法准确了解其功能定位，反倒为房地产销售构筑起了无形的屏障，阻截了一大批真正有购买意愿的消费者。

（七）过度洋化

很多新建住宅小区和大型建筑物（如广场、商场等）的命名出现了过度洋化的现象。这一现象可分为三类：一类是以外国地域名称命名，如巴黎花园、加州花园、荷兰庄园；二是以外国景点命名，如莱茵小镇、康桥颐东、康桥逸城、艾菲尔花园；三是夹杂英文字母，如阳光VISA、万豪国际SOHO、三庆锋尚SOLO，等等。

总之，“大、洋、怪、重”地名乱象，在文化厚重的山东也并不少见。各地也积极进行清理整治，下表列出山东部分地市对规范地名进行标准化处理的现状。

表1　山东省部分地市对不规范地名进行标准化处理的现状

地级市	济南	淄博	东营	烟台	济宁	泰安	日照	德州
标准化处理地名数量（个）	637	641	212	151	327	182	234	149

二、住宅区、大型建筑物命名“非标准化”现象的原因分析

住宅区、大型建筑物出现的命名“非标准化”现象之所以出现，经过调研分析，我们认为主要有政府、房地产商、社会三大方面原因。

（一）对地名违规行为惩戒不力，命名存在着遵循“长官意志”、命名“任性”的问题

地名乱象的存在，首要原因是没有理顺地名管理体制。地名管理体制是统一管理地名的关键。民政部是国务院明确的地名工作的主管部门，但在实际工作中，除了民政部门，规划、公安、交通、住建、国土、水利等10余个部门都在地名的命名、更名中具有重要作用。比如，新的建筑物名称命名，机场、车站的命名，从建设立项时就已命名了；有的项目则在规划时期，由规划编制部门起了，以后就这么叫下去了，还有的建筑物名称就是用单位（机关、学校、公司等）名称。这些过程中有人起名，但无人上报、无人审核批准或备案，就造成多头管理、政出多门，给地名规范化、制度化管理带来了困难。截至目前，地名管理领域还没有形成一套严格的地名命名、更名的审批制度。地名管理部门缺乏监管手段，对各类地名命名源头无法干预，只能被动认可既成事实，也是形成目前地名混乱局面的一个重要原因。

二是政府对地名违规行为惩戒不力，导致地名乱象愈演愈烈。虽然山东省政府、各地市都出台了相关的地名管理办法，有法可依了，但主管地名管理的民政部门却没有执法权限，造成规章制度停留在纸上。而且在地方权力体系中，民政部门属于政府组成部门，假使政府决策者希望如此命名，民政部门不仅无力阻挡，反而会为其背书，成为帮凶。

三是少数官员文化素质不高，“拍脑袋”作决策，对一些地名随意命名、更名，造成不良影响。曾有媒体报道，一个县级市的副市长曾经对前来办事的开发商说过这样的话：“你们来建的这个大楼很好，但是原来的名字太土，楼层也太少，我们县没有超过20层的大楼，你们盖22层，我看就叫‘二二大厦’吧。”

(二)违法成本低以及潜在的巨大利益诱惑

对房地产商来说,违法成本过低以及巨大的潜在利益,驱使他们对新建的住宅区、广场、商场等大型建筑物随意命名,他们是“大、洋、怪、重”乱象的始作俑者。

一是违法成本过低。虽然各地市都出台了地名管理办法,但囿于执法力度的偏软,使得更改地名的行为并没有受到严格的限制,如《济南市地名管理办法》第二十条规定:“(一)违反本办法第十条规定,擅自命名、更改地名的,责令其停止使用,消除影响,并处以一千元以上一万元以下罚款。”《淄博市地名管理办法》第三十二条规定:“(一)擅自对居民区、大型建筑物命名、更名的,由地名主管部门责令限期改正;逾期不改正的,依法撤销其名称,并处以二千元以上一万元以下罚款。”最高为一万元的罚款触不到房地产商的痛点,力度偏软,对违法违规行为的震慑力就大打折扣。

二是巨大的潜在利益驱使。在巨大的潜在利益驱使下,房地产商在给住宅区、大型建筑物命名时趋于“大、洋、怪、重”,以引起消费者注意,便于销售。随着市场竞争与房地产开发的规范化,楼盘名称已从一般的标识符号演变成整体营销的一个组成部分,促使开发商和楼名策划者在楼盘命名上绞尽脑汁。一个名字的好坏,直接或间接影响着楼盘的销售。以“原因分析”中提到的“去通名”现象为例,命名者从人们求奇求异心理和商业竞争的需要考虑,逐渐摆脱了传统的专名+通名的命名形式,竞相采用“去通名化”。由于去掉了通名,命名者自由发挥的余地也就更大,更能带来耳目一新的感觉,受到人们的青睐。例如潍坊的青建橄榄树、西虞天成、东方明珠、天润清源、佳利秀水、水岸东方、凯地城市之光等,如果不借助特定的语境,我们很难把它们与楼盘联系在一起。但不可否认的是,在特定语境中,只有专名的楼盘名较之完整的楼盘名会给人传递更多的信息,带来更多的遐想。这对于消费者来说,确实是巨大的吸引力。这种去通名的住宅区名称在第一次进入人们的视觉、听觉时需要解释才能使人确立为专有名词,以后在使用时也需要人们在心中默默转换为专有名词才能实现其交际功能,这给人们的生活带来了巨大的不便。不少楼盘热衷取洋名,原因在于开发商利用外国名称以及他们所传递的一种现代国际生活方式的形象来吸引日益崛起的重视身份的中产阶级。开发商用外国名,仿佛小区就上了档次,这种“洋名崇拜”

与之前媒体曝出的"假洋奶粉"事件一样，是源于文化不自信，其更深层的原因则是国人对国产商品质量以及服务水平的信心问题。信心从何而来，归根到底是从自己的努力奋斗中获得，发扬匠人精神，对建筑质量和物业服务水平精益求精，如此才可慢慢获取国人的青睐。

(三)社会崇洋媚外的心态

社会对地名文化缺乏深刻认识，思想认识不高。对地名的历史价值、文化价值缺乏足够认识，并且社会上还有一股"洋名崇拜"的思潮，总觉得"外国的月亮圆""外来和尚好念经"。这种思潮的根源是文化上不自信。习近平同志指出，道路自信、理论自信、制度自信，其基础则是文化自信。只有将传承五千多年的优秀传统文化广泛地渗透到道路、理论、制度自信中，中国的道路才能更坚定，理论才能更丰富，制度才能更规范。洋地名扎堆出现，反映了社会崇洋媚外的心态，有悖于当地的历史、文化和环境生态。此外，对洋地名的追逐还表现出命名者的懒惰思维，缺乏首创精神，等等。

三、对策与建议

地名是基本的社会公共信息，也是重要的社会文化形态和载体，在国家治理、社会生活、经济发展、文化传承、国防建设和国际交往等方面广泛发挥着重要作用。加强地名文化保护、清理整治不规范地名，有利于传承弘扬中华优秀传统文化，彰显社会主义核心价值观，繁荣发展中国特色社会主义文化；有利于加快地名标准化进程，加强和改善地名管理，促进国家治理体系和治理能力现代化；有利于为社会提供更加标准规范的地名信息，更好地服务经济社会发展、满足人民群众生活需求。哲人说，"建筑是凝固的音乐"，那么地名则是"乐章"的标题，是建筑物的重要组成部分。要遏制地名"大、洋、怪、重"的乱象，营造规范有序的地名环境，调研团队认为可从以下几个方面努力：

(一)地名规划先行，建筑工程实施前介入，有效杜绝命名滞后问题

首先，地名主管部门要依据城市总体规划编制地名总体规划，细化命名原则，确定区块命名导则，地名命名分区规划方案依据地名总体规划，结合城市详细规划确定地名预名，工程实施前确定地名，避免命名滞后。比如建设部门可以使用地名预名下达《建设任务书》，同时函告地名主管部门启动命名审批程序。

各级政府相关部门审批《项目建议书》时必须使用市政府批准的标准地名。

其次，各部门要积极协作，加强前置审批管理。建议发改委、建设规划部门积极配合地名主管部门做好前置审批工作，在立项、规划阶段就把名称确定下来，避免使用非法地名。如发改委在计划立项及审批基建项目中凡涉及地名命名、更名的，应督促建设单位将拟定命名的名称报地名主管部门审核后，凭审核意见给予办理有关立项手续；建设厅（局）在开发建设项目中凡涉及地名的，应督促建设单位将拟定命名的名称报地名主管部门审核；规划局在会审城镇总体规划、分区规划及各项详细规划时，涉及地名命名、更名的，应及时通知地名主管部门参加会审会议，并做好地名规划和上述规划的衔接。例如，德州市就积极征求市法制办意见，联合公安、住建、规划、交通、城管各部门，研究制定《德州市地名申报和审批程序规定》。该规定要求，新建居民区的开发建设单位、各专业管理部门必须在立项、规划选址时到市或县（市、区）地名办办理地名命名申报手续。德城区、陵城区的住宅区、建筑物类地名，由建设单位或产权所有人申请，由市地名办统一受理；各县（市）的住宅区、建筑物类地名，由建设单位或产权所有人申请，由各县（市）地名办统一受理。如没有地名批复文件，将不能办理其他相关手续。从源头上扼住不规范地名的产生。

（二）强化依法管理，依法办理建筑物名称备案制度

将国家和地方的有关地名管理的法律法规，作为建筑物名称备案的法律依据。具体操作层面，规划部门可在发放《建设工程规划许可证》时，告知建设业主到地名主管部门办理建筑物名称备案手续；建设部门在发放《建设工程施工许可证》时，应核查建设业主取得的《建筑物名称备案通知》，并在《建设工程施工许可证》中使用已备案的标准名称，建设业主未取得《建筑物名称备案通知》的，建设部门应及时函告地名主管部门。例如济南市建立地名管理齐抓共管机制，找准地名管理的关键节点，建立民政、规划、公安、房管、工商、城建等多部门协调管理机制，对不规范地名进行集中清理整顿，实行标准地名登记备案制度，从源头上遏制了非标地名的蔓延，命名随意的顽疾得到了有效治理。

（三）出台实施细则，重拳打击违规行为

纵观各地出台的地名法规，对出现的各种违法违规行为的处罚比较抽象，可操作性较差，比如《山东省地名管理办法》中“对违反本办法规定，擅自确定地名或更改标准地名的，违反第五条第五款规定在施工前不按审批程序确定名称的，以及移动或毁坏地名标志的单位和直接责任人员，视其情节轻重，给予批评教育，责令改正，触犯刑律的，依法追究刑事责任。”实际上很多开发商对批评教育视而不见，充耳不闻，对象征性的经济处罚根本不在乎，依旧我行我素。建议地名主管部门应与行政执法部门进行协商，出台详细的实施细则或方案，使整治不规范地名工作更具操作性。如烟台市下发了《烟台市加强地名文化保护清理整治不规范地名工作实施方案》，各县市制订本级实施方案，按照时间节点要求开展具体工作。潍坊市、县两级都制订了《地名文化保护和不规范地名清理整治工作实施方案》，把地名文化保护和不规范地名清理整治作为第二次全国地名普查的重要内容，与地名普查信息补充整改工作一并部署推进，充分利用地名普查基础信息资料开展地名文化保护和不规范地名词条筛选。德州市出台了《德州市加强地名文化保护和清理不规范地名实施方案》，同时还拟定了《德州市地名管理办法》。聊城市发布了《关于市城区清理整治不规范地名和设置标准街路巷地名标志有关情况的调研报告》。

（四）开展宣传，形成正确舆论导向

地名主管部门应积极宣传国家有关地名工作的方针、政策和法规，通过媒体、社区、广场活动等，多层次、多渠道、多角度、多方式、长时间地进行宣传教育，如济南市与《济南日报》联合推出“地名普查暨清理整治不规范地名”专刊，通过路牌、宣传栏发布普查公益广告海报600余幅，制作横幅、标语及宣传图册500余幅，济南市还善于依靠媒体力量，凡是地名管理中的重点工作都通过新闻媒体进行宣传，如2014年以来，通过新闻媒体曝光非标准地名30条，还与市民互动，发起“我给无名路起名”“我给无名桥起名”“明府城百花洲片区征名”活动，调动了市民参与地名管理的积极性，使地名管理更具群众基础。潍坊市与电视台合作，每周六在“经济30分”栏目做1分钟地名普查专题宣传（每天播出7次）。泰安市通过中国联通、中国移动公共短信平台发布公益短信4次，日照市积极响应“地名情·中国梦”征集活动，制作上报微视频（微电影）宣传片8部。此外，还要重视网络阵地，积极利用网络论坛、微博、微信等新兴舆论场，主动发声、积极参与、扩大影响，促进主流意识形态与网络舆论的交流交融，力争通过各方努力，提高全社会使用标准地名的意识。

（五）发扬匠人精神，努力提高建筑质量和服务水平

“洋名崇拜”源自文化不自信。然而文化不自信归根结底在于国人对本土产品质量和服务缺乏信心。不可否认的是，当前我国国产的产品质量和服务确实在某些方面与世界先进水平存在着差距，商品房和物业服务水平也不例外。这样才给开发商可乘之机，利用国人崇洋心理，起洋名、起怪名，给人一种建筑质量和服务水平与国际接轨的感觉。“罗马非一日建成”，信心建设是复杂的系统工程，并非一下子就能迅速树立。信心从何而来？是在努力奋斗中、在精益求精中获得的。只有每个人努力奋斗，发扬匠人精神，精益求精、孜孜以求，信心自会慢慢恢复，国人对洋名的非理性崇拜也将慢慢褪去。

（六）地名工作者要努力学习，加强自己的业务水平

保护传统地名文化，创造新的地名文化，既是地名管理的重要职责，也是地名服务的重要内容。为此，地名工作者必须学习传统文化、研究地名文化，努力提高保护传统地名文化的能力和创造符合时代要求的新地名文化的能力。同时，还要善于调动包括学术界、新闻媒体和有关部门在内的各种力量，形成地名文化建设和服务的社会合力，共同将地名管理工作做好。

（作者单位：山东省地名研究所）

城市热衷"撤县设区"为哪般

郑明桥

随着各地纷纷撤县设区,中心城市正在告别县治时代,越来越多的城市,正在这条撤县设区的路上大步向前,是什么驱动着这股浪潮?这是不是城市和工业化发展的必然趋势?又会给城市带来怎样的变化?这些问题值得细细思量。

武汉市江夏区的熊桂林做了26年的邮递员,这一年,他亲手收发的全国各地的信件中,有不少通讯地址发生着改变,从中他感受着撤县设区带来的变化:天津市撤销蓟县,设立蓟州区;上海市撤销崇明县,设立崇明区;北京市撤销密云县、延庆县,设立密云区、延庆区……

不到一年时间,除重庆外,三个直辖市均基本已告别县治时代。县改区的热潮,不光发生在直辖市。近年来,全国主要的中心城市,基本已将周围的县(市)改为区。在撤县设区的新一轮浪潮下,据今年年初民政部的消息,全国已有165个县"撤县设区(市)"申报材料已报国务院待审批。

一、撤县设区成潮流

"撤县设区,是城市与工业化发展过程中的自然趋势。"武汉市社科院副院长吴永保研究员说。改革开放以来,全国撤县建区之地有100多个,大部分集中在新世纪前后的几年,且更多地集中在东部沿海省市,上海、江苏、浙江、广东、山东地区接近总量的一半。

武汉作为中部唯一的副省级省会城市,早在20世纪90年代末就实现了"无县化",共辖有7个中心城区和6个远城区。

直辖市或副省级城市撤县潮的背后,一个不容忽视的原因是,中心城市在全国政治经济方面的分量越来越重:一方面是县域经济经过数十年发展亟须转型升级；另一方面则是希望在推进城市化以及未来区域经济的竞争中，大城市能成为重新抢占高点的制胜法宝。

吴永保说，撤县设区作为一种行政区划调整方式，可视为一种最具刚性的宏观调控方式，对经济社会发展具有极强的引领作用。撤县改区，可以使设区城市调动更大范围内的资源，能“集中力量办大事”，能在更大力度上协调产业布局，避免恶性竞争、重复建设，促进错位发展，“如果中心城市发达且进入功能扩散阶段，通过与撤县设区的统筹布局，会促进所设区功能向更高层次攀升，给所设区带来更多的发展机会”。

现任武汉市农业委员会副主任的舒炎发，曾经先后在汉阳县（现蔡甸区）和黄陂区政府工作，经历了两地的撤县设区过程。他说，县与区只有一字之差，但待遇相去甚远，尤其体现在上级政府的定位上，县一般以农业为主，市则以工商业或者服务业等非农产业为主。其次，在政府部门设置和编制确定上，县一般涉农部门较多，市则以城市经济和城市管理部门设置为主。再者，上级政府转移支付或者专项扶持资金也有差别，县一般只能用于农业相关领域，而市可以用于城市相关领域。同时，在招商引资方面，市辖区形象较好，在工商业发展与城市建设等方面可以提供较多的优惠政策，有利于吸引较多外来投资和重大项目。

在舒炎发看来，撤县设区意味着来自市里的支持更直接，政府公共服务水平得到提升，市级资源、资金、重大项目将更多向所设区辐射，基础设施和公共服务的配置也将更加融入武汉市总体规划，提升了新设区和中心城市的发展速度。

江夏区是武汉市的远城区之一，1995 年由市辖县改为区。设区之初，三次产业结构为 27. 1∶25. 2∶47. 7，工业发展薄弱。近 10 年，江夏区的现代产业和城市化集中发展，明显得益于中心城市的影响机制，特别是沿北部城市边缘比邻武汉东湖高新区，近年来发展迅猛。中心城区高校外迁向江夏区汤逊湖周边集聚，工业的郊区化以及城市空间的近域推进，科技、产业以及区位的邻近效应，都促成了江夏区的快速城市化。

东西湖区是武汉市另一个远城区，原是一个由多个国有农场组成的农业大区。20 年前，农业占全区总产值的 95% 以上。近些年通过统筹区域一体化建设，发展现代服务、现代物流、食品加工和高新技术产业，到 2015 年年底，该区农业仅占国内生产总值的 1%，成为产业发展、山水相依的绿色宜居新城。

二、城区扩张需冷静

但是,“撤县设区也不能一概而论”,武汉市发改委一位官员道出了隐忧。他说,是否改区还应该因地而异。一般来说,县主要有广大的农村地区和农村人口,而区则按照城市化管理,契合城镇化发展的要求。在这方面,一些大城市像北京、上海、广州等一线城市和杭州、武汉等区域性中心城市,市中心具有强大的辐射力和扩散力,周围的县改区之后,发展能力大大增强。

但对于广大三四线城市来说,如果主城区太弱,对周围辐射能力不够强,这样的城市还处于一个集中化阶段,还要吸收邻近地区的要素,尤其是如果县和地级市离得很远,市带动力量不大,改成区对当地反而不利。

像经济实力还不错的佛山,在 2002 年辖内的南海市、顺德市、三水市和高明市改区之后,纷纷陷入“小马拉大车”的质疑声中。

武汉市城市规划设计研究院教授级高级规划师胡晓玲说,从另一个角度看,县是一级行政机构,财权、人权相对独立,改成区后,它的行政自主权、县域经济的发展、县城发展的规划、社会管理权限都要归到地级市去,这样非但得不到来自中心城市的辐射,反而削弱了自身的发展动力。如 2005 年,湖北省地级市黄石计划将辖内最强的县级市大冶改为区,遭到大冶各界强烈反对,最后不得不作罢。对这些地方来说,他们更喜欢的是县改市或省直管县,而非县改区。

(作者单位:经济日报报社)

中国省制问题探讨(上)

浦善新

省(provinc)作为中国地方最高一级的行政区域单位肇始于元代,迄今已有750多年的历史,在国家政治生活和经济生活中起着独特的作用。省的设置是否合理,是关系到国家长治久安的根本问题,研究、探索中国的省制问题,拟定省制改革方案,是行政区划战略研究的一项重要任务,也是国家政治体制改革和经济体制改革的重大课题之一。

一、省制沿革

(一)省制溯源

省名起源甚早,原指宫禁之地。李善注引《魏武集》:“荀欣等曰:汉制,王所居曰禁中,诸公所居曰省中。”《文选·魏都赋》:“禁台省中,连闼对廊。”《汉书·昭帝纪》:“帝姊鄂邑公主,益汤沐邑,为长公主,共(供)养省中。”《汉书·谷永传》:“臣永幸得给事中,出入三年,虽执干戈,守边垂,思慕之心,常有于省闼。”《后汉书·宦者传》:“腾(曹腾)用事省闼三十余年,奉事四帝,未尝有过。”《北齐书·神武纪下》:“孙腾带仗入省,擅杀御史。”后因尚书、中书、门下等官署设于宫禁之内,习惯上称为省,沿用既久,遂以省为官署名称。魏晋时有中书省、门下省,其后的南北朝、隋、唐、宋设有中书省、尚书省、内史省、秘书省、殿中省等。《新唐书·职官志一》:“其官司之别,曰省、曰台、曰寺、曰监、曰卫、曰府。”《旧唐书·职官志一》:“尚书、门下、中书、秘书、殿中、内侍为六省。”上述省皆为中央行政机构,不统辖地方之府、州、县。

作为地方行政建制的省制渊源于行台。东汉以后,中央政务由三公改归台阁(尚书),习惯上遂以中央政府为“台”。东晋以后,中央官称台官,中央军称台军。在地方代表中央的机构称为行台。如南北朝时期的东魏、北齐即曾在地方设行台，作为中央政府在地方的临时派出机关。隋开皇二年（582）曾设河北道、河南道、西南道3个行台省，分别以晋王广、秦王俊、蜀王秀为尚书令。翌年，撤销河南道、西南道行台省。开皇六年（586）为灭陈，又置淮南道行台省于寿春（今安徽省寿县），以晋王广为尚书令。开皇九年（589）平陈后，撤销河北道、淮南道两行台省。唐初为征讨窦建德，亦曾于陕西东部设大行台，平定窦建德后即废。上述行台、行台省、大行台都因军事需要而临时设置，代表中央统管若干一级行政区，事罢即废。唐太宗以后，行台之制渐废。

元代的行省制，既非远效于北朝，亦非师法于隋唐，而是沿袭于金朝。金朝复行台之制，并始有行省。金初熙宗天会十五年（1137），“置行台尚书省于汴”（今河南省开封市），治理河南地。天眷元年（1138）迁行台尚书省至燕京，三年（1140）再移置于汴。皇统元年（1141）以燕京路隶于尚书省，为地方行政区直隶中枢之始。金章宗时（1190—1208），派尚书省宰臣出征、戍边或处理地方重大事务，许便宜行事，称行省于某处。如章宗明昌五年（1194），“河决阳武，灌封丘而来”，遣尚书省参知政事胥持国请督役修筑黄河堤防，“遂行尚书省事”。明昌六年（1195），尚书省左丞相夫谷清受命出征，“行省于临潢府”（今内蒙古自治区巴林左旗）。金末，为抵御蒙古国的进攻和镇压红袄军等的起义，在宣宗、哀宗时经常派尚书省宰臣出镇诸路，带尚书省的职衔行尚书省事于某处。如宣宗贞祐二年（1214），遣尚书省参知政事孛术鲁德裕“行尚书省事于大名府”；或以宰相职衔授予地方官，称为某行尚书省，简称某行省。先后置大名、陕西、河北、中都、河东、东平、山东、上京、辽东、婆婆、益都、陕西东路、陕西西路、河中、京兆、关中、关陕和京东等行省。可见，金朝所置的行台或行省，虽然仍属尚书省派出的临时性机构，但已明显地带有地方政权的性质。

蒙古国草创伊始，时值非常，因此效法金末非常之制，在新占领地区，遣亲王重臣统治，对意图夺取之地，则遣宗室帅臣以主其事，号称行尚书省。如蒙古军、汉军在攻取金朝中都（今北京）后，成吉思汗先后置燕京行省、山东行省（又称济南路行省）、山东西路行省（又称东平行省）、益都行省。这种行省仍属临时“分任军民之事”，都不带宰相的职衔。后来，这一类的行省名号逐渐被取消。

太宗窝阔台灭金以后，占有黄河南北的广大地区，而政治中心偏处北方，为便于统治,置中州札鲁忽赤(断事官)统管中原财赋、人户等民政事务。在燕京设立官府,当时的汉人官吏称燕京行尚书省,或燕京行台、中都行台。如石抹明安次子石抹忽笃华为燕京等处行尚书省事。占领中亚后,在中亚和波斯地区也设立了类似的管理机构。宪宗蒙哥时,重新任命大汗直辖地区的行政长官,在汉文史籍上称为燕京等处行尚书省事、别失八里(今新疆奇台东北)等处行尚书省事和阿姆河等处行尚书省事。但行省不是蒙古国政府的定制,因为蒙古国大汗政府还没有尚书省的建制,只是以札鲁忽赤(断事官)治政务,其职权略同于中原汉人官制的宰相而已。如燕京行省布智儿的蒙古职名为中都行天下诸路也可札鲁忽赤(大断事官),而汉人则按金朝的旧制,习惯上称之为行省。

(二)省制创立

中国现行的省制创立于元代,历经世祖、成宗、武宗三朝的实践与完善,逐步推广全国,成为地方最高一级行政区域建制。元代行省创立过程以至元十三年(1276)灭南宋为分界线,可以分为两个阶段(参见图1)。

1. 灭南宋以前探索、草创阶段

元世祖忽必烈继位后,采纳刘秉忠等人的建议,于中统元年(1260)立中书省总理全国政务,“总内外百司之政”,“以总宏纲”,改行尚书省为行中书省,简称行省。同年,立秦蜀行省(又称陕西四川行省或陕蜀行省)于京兆(今陕西省西安市)。二年(1261),立西夏中兴行省,又立行中书省于平阳、太原等路。至元元年(1264),立北京行省和山东行省,并颁布陕西四川、西夏中兴、北京三处行中书省条格。五年(1268),立河南行省。六年(1269),立东京行省于辽阳。八年(1271),分立四川行省。十年(1273),立云南行省。十一年(1274),置荆湖行省于鄂州(今湖北省武汉市武昌),又称鄂州行省。十二年(1275),取南宋荆湖南路地,置行省于江陵,称荆南行省。

这一时期的行省多属中书省的临时派出机关,以中书省丞相、副丞相出领各行省,称行某处中书省事,而且变化极为频繁。如中统二年(1261)立西夏中兴行省,三年罢,改设宣慰司隶中书省,八年复立,十年又罢。可见这时的行省,时设时罢,未成定制。而且所立的行省,大多没有相对稳定的治所和辖区,如陕西四川行省曾两次从京兆(今陕西省西安市)迁至兴元(今陕西省汉中市),辖境也时而包括四川、甘肃,时而又分出另立行省。只有云南行省比较特殊,设立后一直未变，行省的长官也一直不带宰相职衔。元初曾设十路宣慰司，与行省平列，一般安定地区州县统于宣慰司，新占领地区设行省。

此外，元初还曾设立过几种专门为征伐服务的临时性行省。一是为进攻南宋而设的行中书省，不系地名，如世祖至元十三年(1276)以蒙古万户阿剌罕权行中书省事以伐宋。二是为对邻国用兵而设的行省，系所征国国名，如占域行省、交趾(安南)行省、缅中行省、日本行省等。三是授权某行省掌管所征国的军事，将国内行省名与所征国国名合称，如荆湖占域行省、云南征缅行省等。

2. 灭南宋以后完善、推广阶段

元至元十三年(1276)，元军占领南宋临安，南宋亡，初置江淮行省于扬州，又称扬州行省或淮东行省，统淮东、淮西和浙东、浙西地区。二十一年(1284)，“以地理民事非便”，迁至杭州，改称江浙行省。二十三年(1286)，迁回扬州。二十四年(1287)，改称江淮行省。二十六年(1289)，又迁至杭州。二十八年(1291)，以长江之北诸路隶河南江北行省，复称江浙行省。

至元十四年(1277)，徙荆南行省于潭州(今湖南省长沙市)，改称湖南行省，又称潭州行省。同年，将鄂州行省并入潭州行省，再以新得南宋广西之地隶之，故改称湖广行省。十八年(1281)，徙治鄂州(今湖北省武汉市武昌)。

至元十四年(1277)，立隆兴行省，又称江西行省，治于隆兴(今江西省南昌市)。十五年(1278)，立福建行省于福州。同年，将隆兴行省并入福建行省，移治泉州。十七年(1280)，又分立隆兴行省。十八年(1281)，福建行省还治福州。二十年(1283)，再从福州迁治泉州，又称泉州行省。二十二年(1285)，又将福建行省并入隆兴行省。二十三年(1286)，再将原福建行省辖地并入江浙行省，隆兴自为行省。同年(1286)，析江浙行省复置福建行省。二十八年(1291)，再罢福建行省。二十九年(1292)，再复置福建行省。

陕西和四川行省也时合时分。至元十年(1273)，罢四川行省，分置川东、川西两个行枢密院。十五年(1278)，罢两行枢密院，复立四川行省。次年，又罢，因当年安西王忙哥被刺死，王相府亦罢，遂复立陕西四川行省于京兆(今陕西省西安市)。十八年(1281)，又分设四川行省(又称西川行省)，治成都。二十一年(1284)，再合为陕西四川行省。二十三年(1286)，又分为两省。二十五年(1288)，四川行省徙治重庆。二十七年(1290)，四川行省还治成都。

至元十五年(1278),罢东京行省,改设宣慰司。二十三年(1286),以东部诸王所部杂处,宣慰司等级低不足以镇抚,再立东京行省(又称辽阳行省)于辽阳,不久,徙治咸平府(今辽宁省开原市),同年又罢。二十四年(1287),因乃颜叛乱,复置辽阳行省,以控制东北州县。

至元十八年(1281),复立西夏中兴行省(又称宁夏行省)。次年,分设甘州行省于甘州(今甘肃省张掖市)。二十二年(1285),罢甘州行省,立宣慰司,隶于宁夏行省。二十三年(1286),再立甘州行省,并将宁夏行省并入甘州行省,改称甘肃行省,治于甘州,后又复设宁夏行省。

至元二十八年(1291),割江淮、湖广两行省长江以北之地设立河南江北行省,治汴梁(今河南省开封市)。到至元末,元朝共设中书省和辽阳、江浙、江西、福建、河南江北、湖广、云南、四川、陕西、甘肃、宁夏 11 个行省。

这一时期,虽然置废变化仍然很大,但行省作为地方最高行政建制逐步确定下来,行省从中书省的临时派出机构,演变为常设的地方最高一级行政机构。在南宋故地推行了行省制,对北方的行省进行调整和增设,选择合适的行省驻地。到至元二十八年(1291)立河南江北行省时,基本形成了新的行省制度。行省的长官,从带中书省宰相的职衔,过渡到官有常职。如灭南宋期间所立的行省,其长官一般仍以中书省宰相职衔行省事,但不久即变为不带中书省宰相职衔,而与中书省一样设右丞相、左丞相等执事官,与中书省有同等的权限。到至元二十三年(1284),“嫌于外重”,遂更定官制,罢各省所设的左、右丞相,只置平章政事为行省最高长官。

从元成宗起,行省制日渐稳定。元贞元年(1295),宁夏行省并入甘肃行省。大德三年(1299),福建行省并入江浙行省。十一年(1307),置和林行省。皇庆元年(1312),和林行省更名为岭北行省。到英宗至治元年(1321),复立征东行省,共 11 个行省,历泰定帝、明宗、文宗、宁宗不变。元末,地方纷纷反叛,战事频繁,为镇压各地群豪,加强对地方的统治,行省逐渐增多。惠宗至正十六年(1356),恢复福建行省。翌年,析中书省复立山东行省。二十三年(1363),析湖广行省置广西行省,析山东行省置胶东行省。至元末,全国共设中书省和辽阳、江浙、江西、福建、河南江北、湖广、广西、山东、胶东、四川、云南、陕西、甘肃、岭北、征东 15 个行省。

元末天下大乱，元王朝为稳固地方，除增设行省外，复设“分省”。如福建行省有建宁分省、泉州分省、兴化分省、延平分省。《元史 · 职官志》：“至正十八年，福建行省丞朵歹分省建宁，参政讷都亦分省泉州。”这种分省置废频繁，没有定规，中书省最多时曾设十多个分省。此外，元朝在藏族地区先后设置总制院和宣政院，相当于行省（参见图 1）。

图 1　元代省制演变示意图

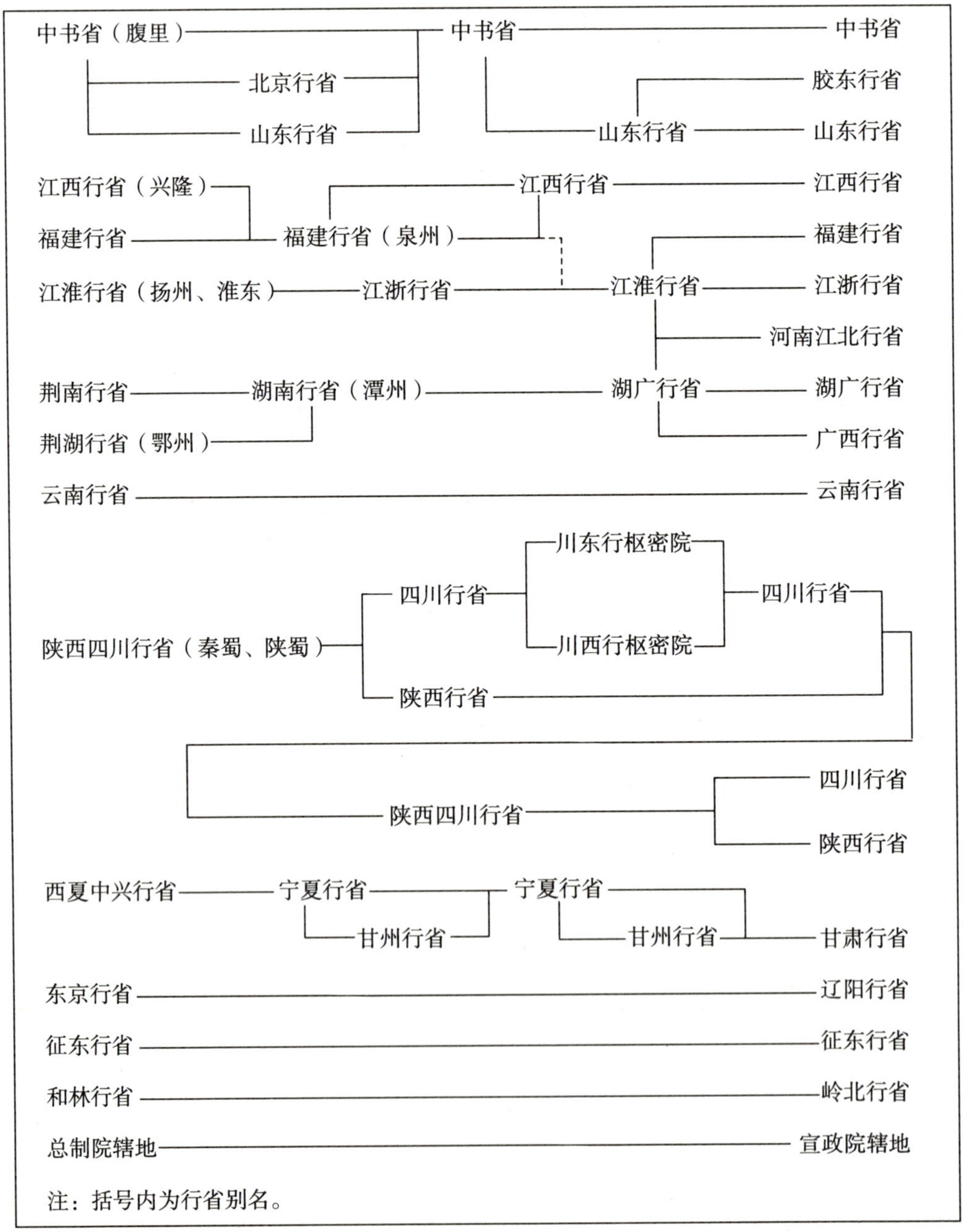

（三）省制沿革

1. 明代承宣布政使司（行省）制

明初承袭元朝行省制，至洪武四年（1371）底，共设南京（直属中书省）和江西、湖广、浙江、山东、河南、北平、广西、广东、山西、陕西、福建、四川12个行省。其中，江西、福建、湖广、广西、陕西、四川袭元朝旧制；山东行省相当于元代山东、胶东2行省；元代中书省分解为北平、山西2行省；广东行省由元代广西、湖广2行省析置；元代江浙、河南江北2省析置为浙江、河南、江南3行省，江南行省于洪武元年（1368）改为南京。洪武九年（1376），改行中书省为承宣布政使司，简称司，习惯上仍称行省或省。十一年（1378），改南京为京师。十三年（1380），罢中书省，京师各府州直隶于六部，始有直隶之名。十五年（1382），置云南承宣布政使司。永乐元年（1403），撤销北平承宣布政使司，府州直隶北京行部。五年（1407），置交趾承宣布政使司。十一年（1413），置贵州承宣布政使司。十九年（1421），迁都北京，改京师和北京行部为南、北直隶。至此，全国共设2直隶和山东、山西、河南、陕西、四川、湖广、浙江、江西、福建、广东、广西、云南、贵州、交趾14个承宣布政使司。宣宗宣德二年（1427），交趾失于安南。从此，明共设2京（南、北直隶）和13个承宣布政使司，合称“十五省”。元代的宣政院辖地分设为乌思藏、朵甘2个相当于承宣布政使司的都司，后改为宣慰司。在元代辽阳行省辖区设奴儿干都司，后为女真部（参见图2）。

图2　明代省制演变示意图

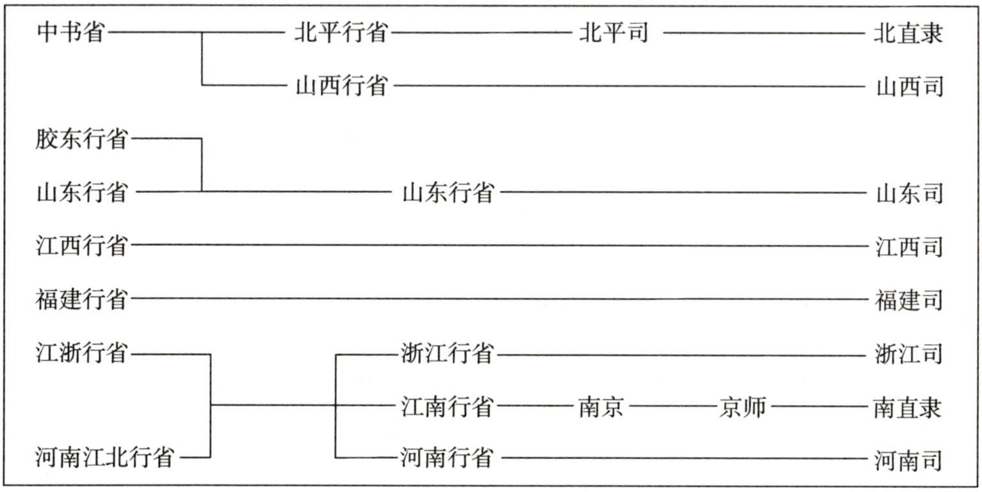

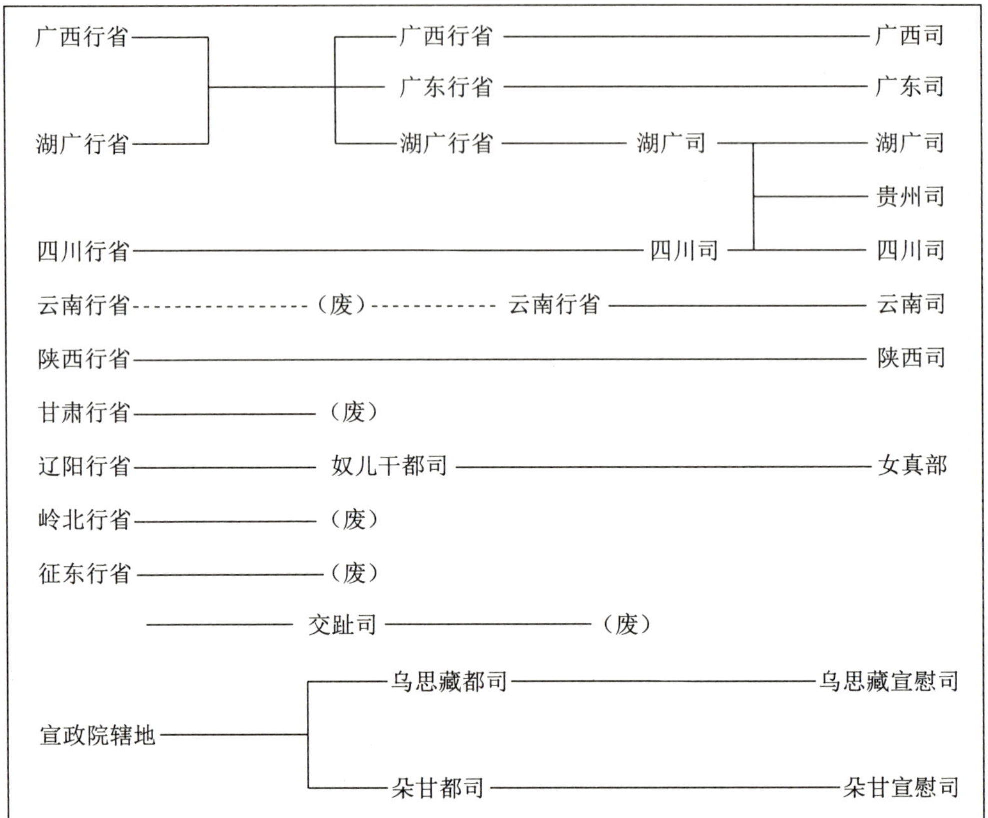

注：司为承宣布政使司的简称。

2. 清代行省制

清初，沿袭明朝布政使司之制。顺治初年，改北直隶为直隶，改南直隶为江南布政使司，共设直隶和江南、山东、山西、河南、陕西、四川、湖广、浙江、江西、福建、广东、广西、云南、贵州14个布政使司。顺治十八年（1661），析江南布政使司为左、右2个布政使司。康熙三年（1664），析湖广布政使司为湖北、湖南2个布政使司。五年（1666），析陕西布政使司置甘肃布政使司。翌年（1667），改江南左布政使司为安徽布政使司，改江南右布政使司为江苏布政使司。至此，共18个布政使司。因当时普遍实行督抚制，故改布政使司为省，合称“内地十八省”。光绪初，左宗棠平定天山南北，置伊犁将军辖区，十年（1884），设置新疆省。十一年（1885），析福建省置台湾省，二十一年（1895），台湾省被日本侵占。三十年（1904），析江苏省长江以北地区置江淮省，不久即罢。清初在明代女真部设立盛京、吉林、黑龙江3个将军辖区，光绪三十三年（1907），改设为奉天、吉林、黑龙江3省。至清末，全国共设22个省：直隶省、奉天省、吉林省、黑龙江省、山东省、山西省、河南省、陕西省、甘肃省、新疆省、江苏省、安徽省、浙江省、福建省、江西省、广东省、广西省、湖南省、湖北省、四川省、贵州省、云南省。此外,明代的乌思藏、朵甘2个宣慰司分别改设为西藏办事大臣辖区和西宁办事大臣辖区,并在元代岭北省辖区设立乌里雅苏台将军辖区和内蒙古地区(参见图3)。

图3 清代省制演变示意图

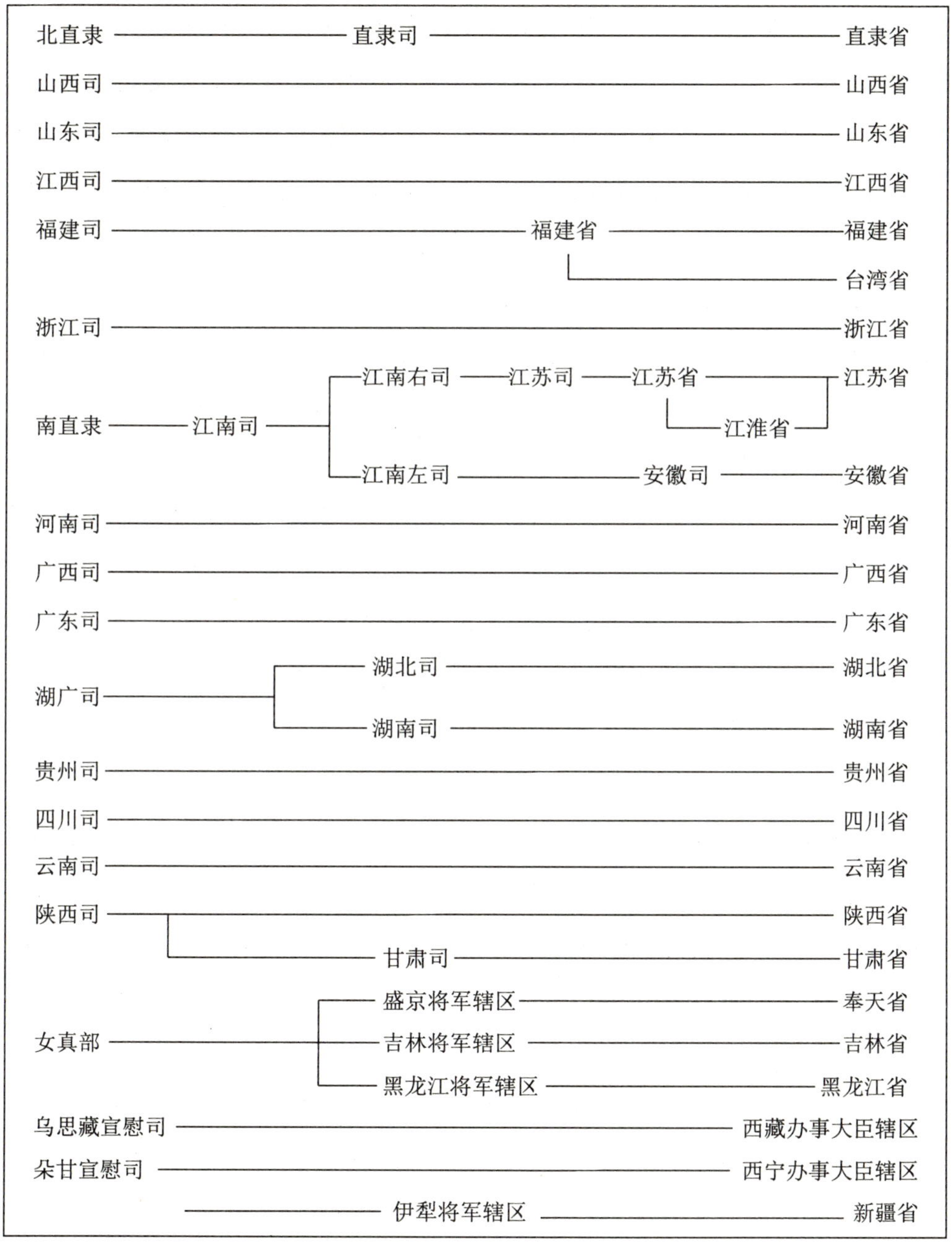

3. 民国省制

民国承袭清省制，1912 年设 22 省（不包括被日本侵占的台湾省）。同时在直隶、山西、内蒙古交界地区设绥远、察哈尔、热河 3 个特别区，析四川省置川边特别区。西宁办事大臣辖区和甘肃省部分地区改设为甘边宁海镇守使辖区和甘边宁夏护军使辖区。

1928 年，南京国民政府在第二次北伐及东北易帜后，认为直隶、奉天 2 个省名称含有君权、神权意义，与“以党治国”的主张不符，将直隶省更名为河北省（将旧京兆区所辖各县也一并划入），奉天省更名为辽宁省（翌年正式实施）。同年 9 月，内政部以 1924 年颁布的《国民政府建国大纲》中无特别区的规定为由，决定废除特别区这一行政建制，将热河、绥远、察哈尔、西康（原名川边）4 个特别区分别改为热河省、绥远省、察哈尔省和西康省（绥远省区域包括以前划归察哈尔的丰镇等 5 县，察哈尔省区域包括原直隶省口北道的宣化等 10 县，西康设置建省委员会从事筹备工作，1938 年西康省正式成立），以加强对蒙、藏少数民族的控制。同年，甘边宁海镇守使辖区和甘边宁夏护军使辖区分别改设为青海省和宁夏省。至 1928 年底，全国共设 28 个省：河北、山西、绥远、热河、察哈尔、辽宁、吉林、黑龙江、江苏、浙江、安徽、福建、江西、山东、河南、湖北、湖南、广东、广西、四川、西康、贵州、云南、陕西、甘肃、青海、宁夏、新疆。

1931 年九·一八事变后，东北三省被日军占领，划分为奉天、锦州、安东、通化、四平、兴安南、吉林、间岛、滨江、牡丹江、三江、东安、北安、黑河、龙江、兴安东、兴安北 17 个省。

1945 年抗日战争胜利，收复台湾省及东北各省，东北 17 个省合并为 9 个省：奉天、锦州 2 省合并为辽宁省，通化省并入安东省，四平、兴安南 2 省合并为辽北省，间岛省并入吉林省，滨江、牡丹江 2 省合并为松江省，三江、东安 2 省合并为合江省，北安、黑河 2 省合并为黑龙江省，龙江省更名为嫩江省，兴安东、兴安北 2 省合并为兴安省。至 1945 年年底，全国共 35 个省：河北、山西、辽宁、辽北、安东、吉林、松江、合江、黑龙江、嫩江、兴安、热河、察哈尔、绥远、江苏、浙江、安徽、福建、江西、山东、河南、湖北、湖南、广东、广西、四川、贵州、云南、西康、陕西、甘肃、青海、宁夏、新疆、台湾。此外，析河北省置北平市、天津市，析山东省置青岛市，析江苏省置上海市、南京市，析广东省置广州市，析湖北省置武汉市（后改名汉口市),析四川省置重庆市,析陕西省置西安市,析辽宁省置沈阳市、大连市,析松江省置哈尔滨市。西藏办事大臣辖区先后改为西藏办事长官辖区、西藏地方;乌里雅苏台将军辖区先后改为外蒙古办事长官辖区、外蒙古地方,1946 年独立。至 1947 年年底,全国设 35 个省、12 个院辖市、1 个地区(内蒙古)、1 个地方(西藏)(参见图 4)。

图 4　中华民国省制演变示意图

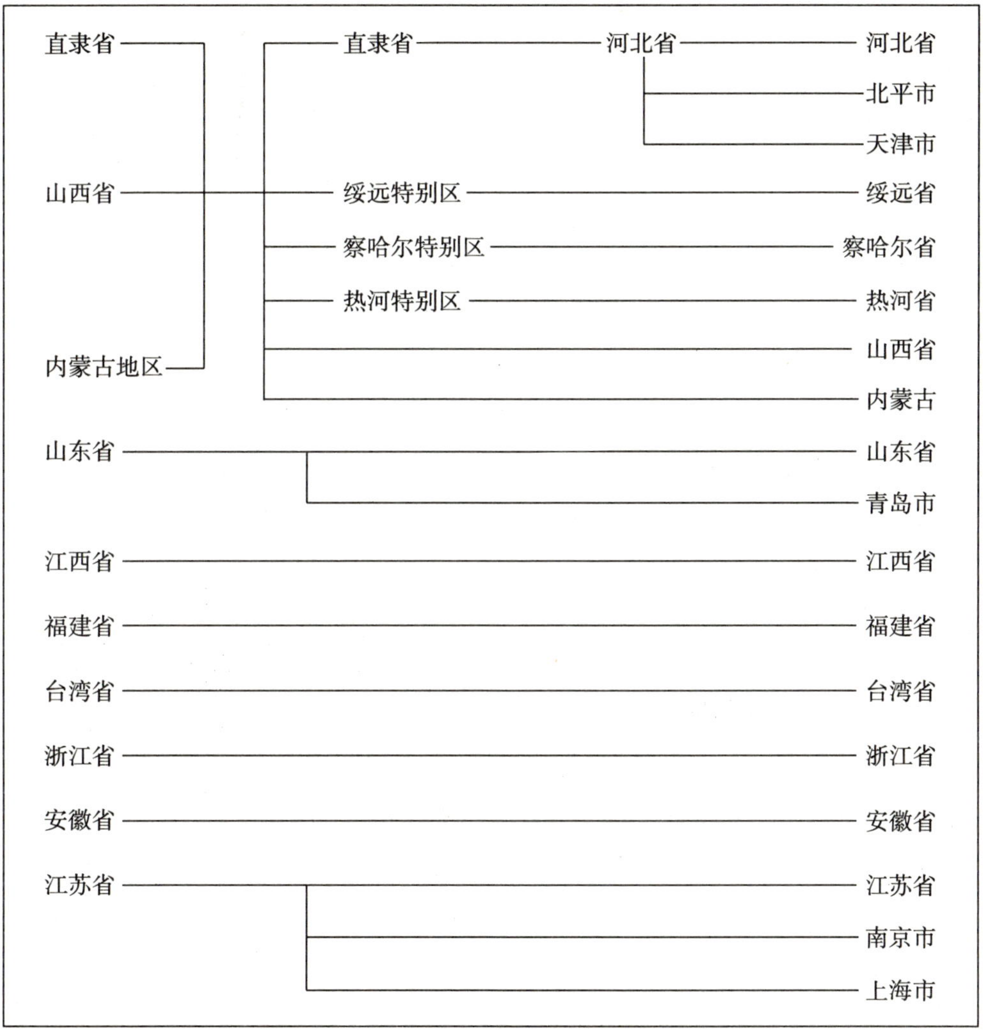

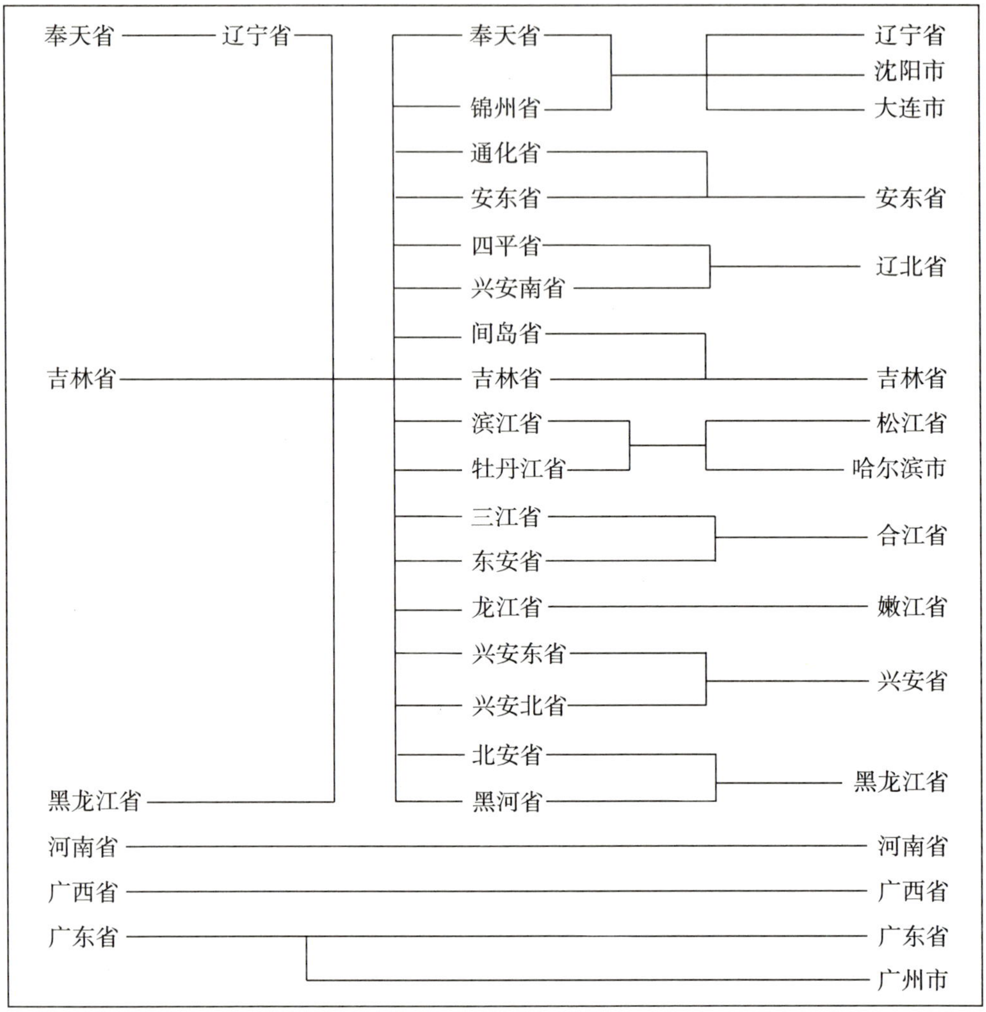

4. **中华人民共和国省制**

中华人民共和国成立后，在省上设立大行政区，省由大行政区管辖，为二级政区。1949 年，辽宁、辽北、安东 3 省调整为辽东、辽西 2 省，鞍山、抚顺、本溪 3 市升为直辖市，大连市改为旅大行署区（驻大连市），合江省并入松江省，哈尔滨市划归松江省，嫩江省分别并入黑龙江省和松江省，兴安省并入内蒙古自治区，江苏省分为苏北（驻泰州市）、苏南（驻无锡市） 2 个行署区，安徽省分为皖北（驻合肥市）、皖南（驻芜湖市） 2 个行署区，汉口市改名武汉市，青岛市划归山东省；8 月，析河北、河南、山东 3 个省设平原省（以原冀鲁豫边区为基础），省会新乡市；10 月 1 日，北平市改名北京市。此外，1947 年设内蒙古自治区，首府张家口市。1949 年底，全国设河北、山西、平原、察哈尔、绥远、辽东、辽西、吉林、黑龙江、松江、热河、山东、浙江、福建、江西、河南、湖北、湖南、广东、广西、四川、贵州、云南、西康、陕西、甘肃、青海、宁夏、新疆、台湾30个省,另有12个直辖市、5个行署区、1个自治区、1个地方(西藏)。1950年,四川省分为川东(驻重庆市)、川西(驻成都市)、川南(驻泸州市)、川北(驻南充市)4个行署区,苏北行署区由泰州市迁驻扬州市;10月,旅大行署区改直辖市,昌都地区解放成立省级政区(驻昌都宗)。1951年,西康省由康定县迁驻雅安市,皖南行署区由芜湖市迁驻合肥市,与皖北行署区合署办公。

1952年4月,大行政区政权机关改为中央人民政府的派出机关,省恢复为地方最高一级行政区;6月,内蒙古自治区由察哈尔省张家口市迁驻绥远省归绥市,绥远省受华北行政委员会和内蒙古自治区人民政府双重领导;8月,皖北、皖南2个行署区合并恢复安徽省(省会合肥市),川东、川西、川南、川北4个行署区合并恢复四川省(省会成都市);11月,平原省分别并入河北、河南、山东3个省,察哈尔省分别并入河北、山西2个省,苏北、苏南2个行署区合并恢复江苏省(省会南京市),南京市改为地级市划归江苏省管辖。

1953年7月,吉林省的长春市和松江省的哈尔滨市升为直辖市;10月内蒙古自治区人民政府与绥远省人民政府合署办公;11月,新疆省省会迪化市改名乌鲁木齐市。1954年,绥远省并入内蒙古自治区,内蒙古自治区首府归绥市改名呼和浩特市,吉林省由吉林市迁驻长春市,黑龙江省由齐齐哈尔市迁驻哈尔滨市,河南省由开封市迁驻郑州市;6月,辽东、辽西2个省合并恢复辽宁省(省会沈阳市),松江省并入黑龙江省,宁夏省并入甘肃省,沈阳、旅大、鞍山、抚顺、本溪和长春、哈尔滨、武汉、广州、重庆、西安11个直辖市分别划归辽宁和吉林、黑龙江、湖北、广东、四川、陕西7个省。1954年年底,全国设河北、山西、辽宁、吉林、黑龙江、热河、山东、江苏、安徽、浙江、福建、江西、河南、湖北、湖南、广东、广西、四川、贵州、云南、西康、陕西、甘肃、青海、新疆、台湾26个省,另有3个直辖市、1个自治区、1个地方(西藏)、1个地方(昌都)。

1955年3月,西藏地方改为西藏自治区(1956年4月成立自治区筹备委员会,1959年3月西藏地方政府正式解散,1965年9月9日自治区正式成立),昌都地区划归西藏自治区筹备委员会领导(1956年实施);7月,热河省分别并入河北、辽宁2个省和内蒙古自治区,西康省并入四川省,9月,新疆省改为新疆维吾尔自治区(10月1日成立)。1957年7月,广西省改为广西僮族自治区(9月4日成立筹备委员会,1958 年 3 月 5 日正式成立),首府南宁市;析甘肃省设宁夏回族自治区(1958 年 6 月 9 日成立筹备委员会,10 月 25 日正式成立),首府银川市。1958 年 2 月,天津市改为地级市,划归河北省;4 月,河北省由保定市迁驻天津市。1960 年 1 月,昌都地区并入西藏自治区。1965 年 10 月,广西僮族自治区改名广西壮族自治区。1966 年 4 月,河北省由天津市迁驻保定市。1967 年 1 月,天津市恢复为直辖市。1967 年年底,全国设河北、山西、辽宁、吉林、黑龙江、江苏、浙江、安徽、福建、江西、山东、河南、湖北、湖南、广东、四川、贵州、云南、陕西、甘肃、青海、台湾 22 个省,另有 3 个直辖市、5 个自治区。1968 年 1 月,河北省由保定市迁驻石家庄市。

1988 年 4 月,析广东省设海南省,省会海口市。1997 年 3 月,析四川省设重庆直辖市;7 月 1 日,中国政府恢复对香港行使主权,设立香港特别行政区。1999 年 12 月 20 日,中国政府恢复对澳门行使主权,设立澳门特别行政区。至此,全国设河北、山西、辽宁、吉林、黑龙江、江苏、浙江、安徽、福建、江西、山东、河南、湖北、湖南、广东、海南、四川、贵州、云南、陕西、甘肃、青海、台湾 23 个省,另有北京、天津、上海、重庆 4 个直辖市和内蒙古、广西、西藏、宁夏、新疆 5 个自治区,以及香港、澳门 2 个特别行政区(参见图 5)。

图 5 中华人民共和国省制演变示意图

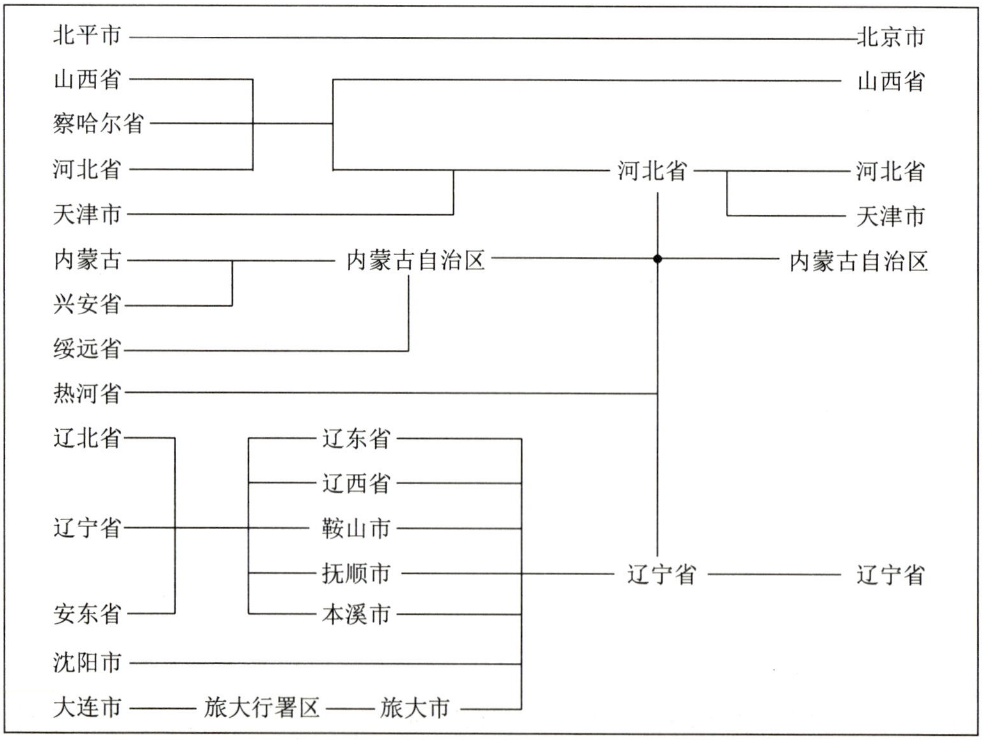

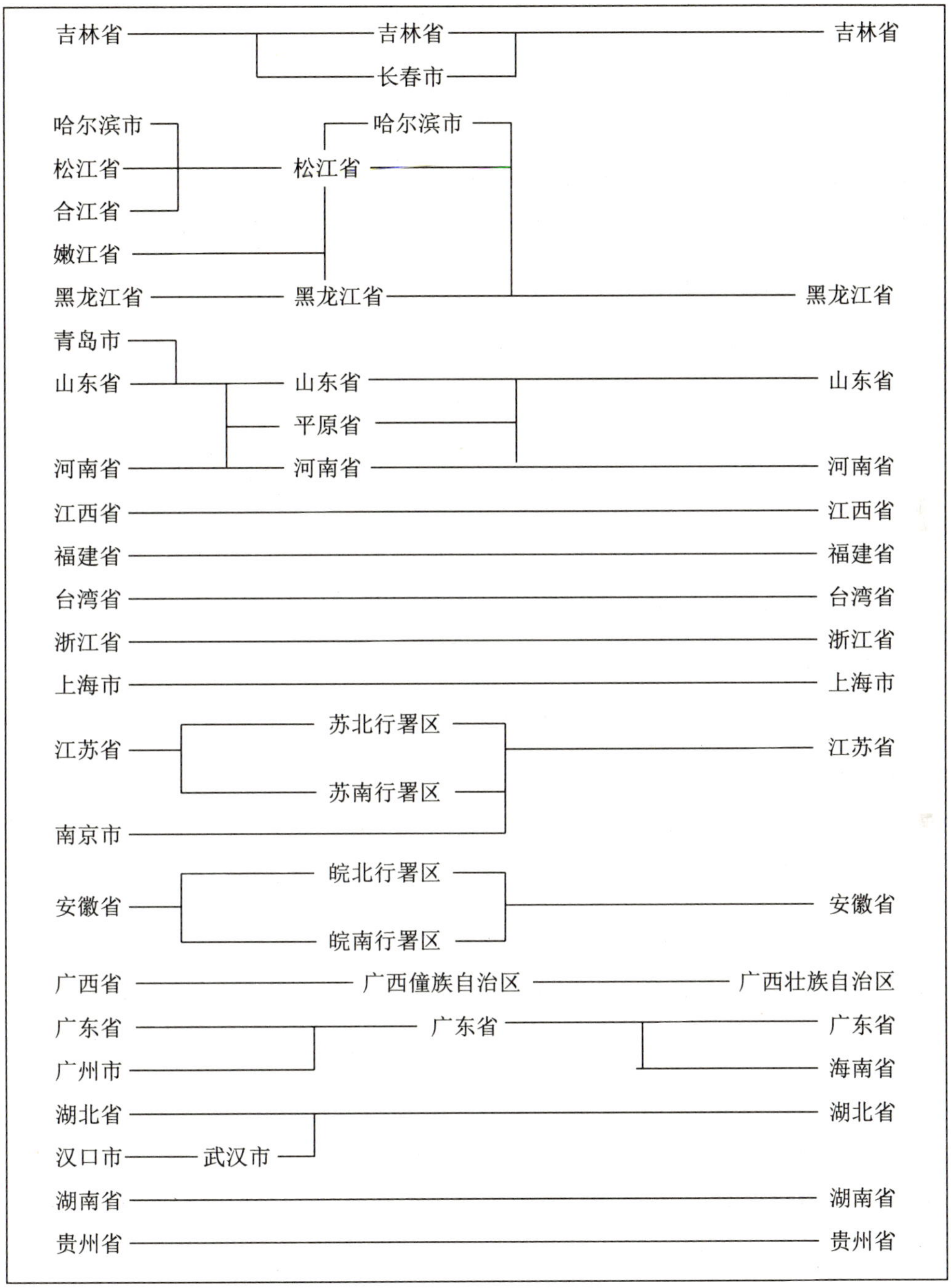

二、元代省制简评

元朝创立行省制度，是中国行政区划发展史上继秦代县制以后的又一次重大变革。省制历经明、清、民国，一直沿用至今，具有强大的生命力，对多民族大国的统一起到了积极的作用，产生了深远的影响。但是，由于元王朝创立省制过分考虑统治阶级稳定政权的需要,根本不顾及地方建设和经济发展,所以带来了省区划分不合理的消极影响。

元代疆域,“北逾阴山,西极流沙,东尽辽左,南越海表”,相当于现在中国除新疆西北一部分以外的全部领土,加上蒙古共和国全部和原苏联东经 70 度、额尔齐斯河以东地区,以及泰国、越南、朝鲜、不丹、印度、巴基斯坦、阿富汗等国部分区域。至及藩属,势力及于欧洲。此所谓“东、南所至不下汉、唐,而西、北则过之”,“汉、唐极盛之际,有不及焉”。面对如此“地大民众”的大帝国,元王朝为了加强和巩固其统治,在地方创立了行省制度,使“盖岭北、辽阳与甘肃、四川、云南、湖广之边,唐所谓羁縻之州,往往在是,今皆赋役之,比于内地”。在边远地区设立与内地类似的政区,对于巩固多民族国家的统一,加强边远地区的开发,增进各民族人民之间的交往,起到了积极作用。

元代的省制是军人治政的形式之一,而且行省面积之大,地位之高,为历代一级政区所罕见,其行政长官与中央最高行政长官不仅官名一样,品位也一致。然而,如此职高、权重的地方军政长官,却没有形成地方割据势力,而且从此以后各代都未出现大的分裂割据局面。究其原因,主要是元代省区的划分突破了按山川地形划分的传统方式,而是以政治统治、军事战略需要为第一原则。自秦始皇统一中国后,中国的行政区划,特别是一级政区的划分,在元代以前一直把自然地形作为重要依据,即所谓“山川形便”“关河近便”,典型的例子有秦郡、汉州、唐道、宋路。明代陈全之《蓬窗日录》对此评论曰:“愚谓古今言方舆者,必本之山川,盖以山为巨镇,水为薮泽,建邦树都恒守之以为固。先儒谓山为水之网,水为山之纪,而洪河大山亦天地间大界限也。”蒙古族上层用武力统治中原,建立元朝后,吸取了历代地方军阀据险割据、对抗中央的教训,人为地把同一自然地理单元分割给若干个行省,形成犬牙交错的省界,以防止某一省区自成一体,成为地方长官据险称雄的国中之国。如两广地区原有五岭之险,元朝将五岭以南一部分分别划给江西、湖广 2 个行省,以此控制广东、广西。秦岭自古以来为四川盆地之屏障,秦岭—淮河是中国南北的天然分界线,南北差异明显。从秦汉至唐宋,秦岭南北一直分属两个一级政区,岭北秦汉属内史、三辅,唐属京畿、关内,宋属陕西;岭南秦汉属汉中,唐属剑南道,宋属利州路。元朝根据以北制南的政策,将秦岭以南一部分(今汉中、安康)划入陕西行省,使四川无险可守。类似的还有合淮河南北为一设置河南江北行省;跨太行山东西设中书省,使其兼有山西高原、华北平原和山东丘陵;江浙行省辖江南平原而兼有闽北山地。结果,将我国最重要的山川——秦岭、南岭、太行山及淮河之险全部破损,使任何一个行省都不可能成为完整的地理单元。

元朝这种犬牙交错的省界划分方式,有效地避免了分裂割据,但也人为地破坏了经济区和自然地理单元的完整和统一,其后果一直影响到今天。民国时期傅角今在《重划中国省区论》一书中对此评价称:“元、明、清划省之目的在于统治及控制。故纵的方面,指挥系统务求严密,不惮阶层繁复;横的方面,区域划分,旨重率制,不厌支离破碎,自难求其符于地理(环境)。”

三、省制演变规律

(一)非行政区——行政区转化规律

省同秦郡、汉州、唐道、宋路等相类似,由军事区、监察区等非行政区演变为行政区,带有浓厚的军事特征,最高行政长官亦由派遣在外的中央官员转变而来。省名起源很早,魏晋时就有中书省、门下省,是中央行政机构。南北朝的东魏、北齐和隋、唐,因军事需要而临时设置行台、行台省、大行台。金为了有效地统治汉区和抗御蒙古入侵、镇压农民起义,设立了多处行台尚书省。元朝灭金后,也设若干行台尚书省,后因尚书省改称中书省而改为行中书省,开始也是作为一种临时性的中央派出机构,后因不断用兵,无法撤销,最终成为一级政区。

(二)逐步稳定规律

元代特别是元初的省制极不稳定,很多行省立而废,废而复立。如中统二年(1261)立西夏中兴行省,三年罢,八年复立,十年又罢;至元十八年(1281)再立,改称宁夏行省;次年分设甘州行省,二十三年(1286)宁夏行省并入甘州行省,后又复立宁夏行省,元贞元年(1295)再次并入甘肃行省。四川、陕西也是数度分合。元代曾设立、后又废除的行省有北京行省、胶东行省、荆湖行省、东京行省、征东行省、和林行省。更改省名的有江淮行省改名江浙行省,后复名江淮行省,再改江浙行省;荆南行省改名湖南行省,再更名湖广行省;西夏中兴行省改名宁夏行省;甘州行省改名甘肃行省;东京行省改名辽阳行省;和林行省改名岭北行省。

从明代起，新设的省日趋稳定。如明代设置的山西、广东、贵州3省，清代设置的台湾、江苏、安徽、湖北、湖南、奉天（后更名为辽宁）、吉林、黑龙江、新疆9省，民国时期设置、恢复的青海、宁夏2省，中华人民共和国成立后设置的海南省。置而又废的现象明显减少，明清两代只有1904年从江苏省析置的江淮省，不久即废。民国时期，东北3省被日本侵占，伪满洲国将其分为17个省；1945年抗日战争胜利后，合并为9个省；中华人民共和国成立初期恢复为3个省。民国时期至中华人民共和国成立初期曾设立后又废止的省有绥远省（1928—1954）、察哈尔省（1928—1952）、热河省（1928—1955）、西康省（1928—1955）、平原省（1949—1952）。更名的有清代江南右改名江苏，江南左改名安徽；民国时期直隶改名河北，奉天改名辽宁。

分析其原因，元代省制处于创立时期，不少省伴随军事占领而设立，与进军路线直接联系，加之元代战争频繁，因此省制很不稳定。经过元代的实践，明代以后，省制日益完善、稳定。其后分设的很多省，或具有独立的自然地理单元，如台湾、海南；或经过长期的发展，已逐渐形成独立的人文环境地域共同体，如山西、江苏、安徽、湖北、湖南；或是在未设省的地方推行省制，如辽宁、吉林、黑龙江、青海、新疆。另一个重要条件是，新设的省有一个地理位置适中、交通便利、有一定规模的中心城市作为省会，并经过较长时间筹备，设置时机成熟，因此设省后能长期稳定。也有少数省，或论证不足，仓促设置，如江淮省，或因政治因素，盲目分设，如伪满洲国分东北3省为17省，或因民族问题，如绥远、察哈尔、热河等省，置而又废。

（三）省制由政治中心、内地向边远地区扩散

元朝首先在其统治的北方和西南地区实行行省制。如1260年设立的秦蜀行省，1261年设立的西夏中兴行省，1264年设立的北京行省和山东行省，1268年设立的河南行省，1269年设立的东京行省于辽阳，1271年设立的四川行省，1273年设立的云南行省。然后随着攻占南宋领土，逐步将省制向东南方扩展。如1274年设立的荆湖行省于鄂州，1275年设立的荆南行省，1276年设立的江淮行省（后改称江浙行省），1277年设立的江西行省，1278年设立的福建行省。从元成宗起，行省制日渐稳定。1307年在东北设立和林行省，1312年更名为岭北行省。1363年在南方设立广西行省，在东部设立胶东行省。

明初在南方增设广东行省，在江南增设江南行省，在西南1407年、1413年先后设立交趾、贵州2省。清代在西北1666年设立甘肃省，1884年设置新疆省；在东南1885年设置台湾省；在东北1907年设立奉天、吉林、黑龙江3省。民国时期，1928年在直隶、山西、内蒙古交界地区设立热河、绥远、察哈尔3省，在西南边远地区设立西康省，在西北地区设立青海省。中华人民共和国成立后，1988年在东南角设立海南省。

（四）省制伴随政治、经济的大变革而作相应调整

元初省制与军事斗争相适应，特别是在灭宋过程中设的省，要么与进攻南宋的行军路线相一致，如以阿里海牙统军占领的区域置湖广行省，以宋都带、李恒领军攻克之地设江西行省，以伯颜所统主力进军区域建江浙行省；要么与征伐镇守需要相一致，如世祖至元五年（1268）为进攻襄阳和樊城立河南行省，因以陕地作为攻蜀的后方供应基地而置陕蜀行省，后两次从京兆迁治兴元，也是出于进攻四川的需要。元末增设行省则主要是为了加强对地方的控制，镇压人民起义。明代省制的变化主要在明朝立国之初，后因迁都始有南、北直隶之名。清顺治、康熙年间，因长江流域经济的不断繁荣，先后将江南、湖广一分为二，光绪初平定天山南北，设新疆省。民国时期省制变化比较大的，一次是南京政府建立之初，一次是抗日战争胜利之后。中华人民共和国的省制变动集中在新中国成立初期。

（五）省域面积逐渐划小，省的数量总的趋势是不断增加

元朝从中统元年（1260）立中书省，到至元末仅设11个行省，明末增加到15个行省，清代先后增加到18省、22省，民国时期进一步增加到28省、35省（参见表1）。很多元代的省一分为几，如中书省元朝析置山东省，明代分设为北平省（后进一步分为北京、天津、河北3省、直辖市）和山西省；湖广省元代析置广西省、河南江北省，明代析置广东省（1988年又析置海南省）、贵州省，清代分为湖北、湖南2省（参见图1、图2、图3、图4、图5、图6）。

图6　中国历代省制沿革简图

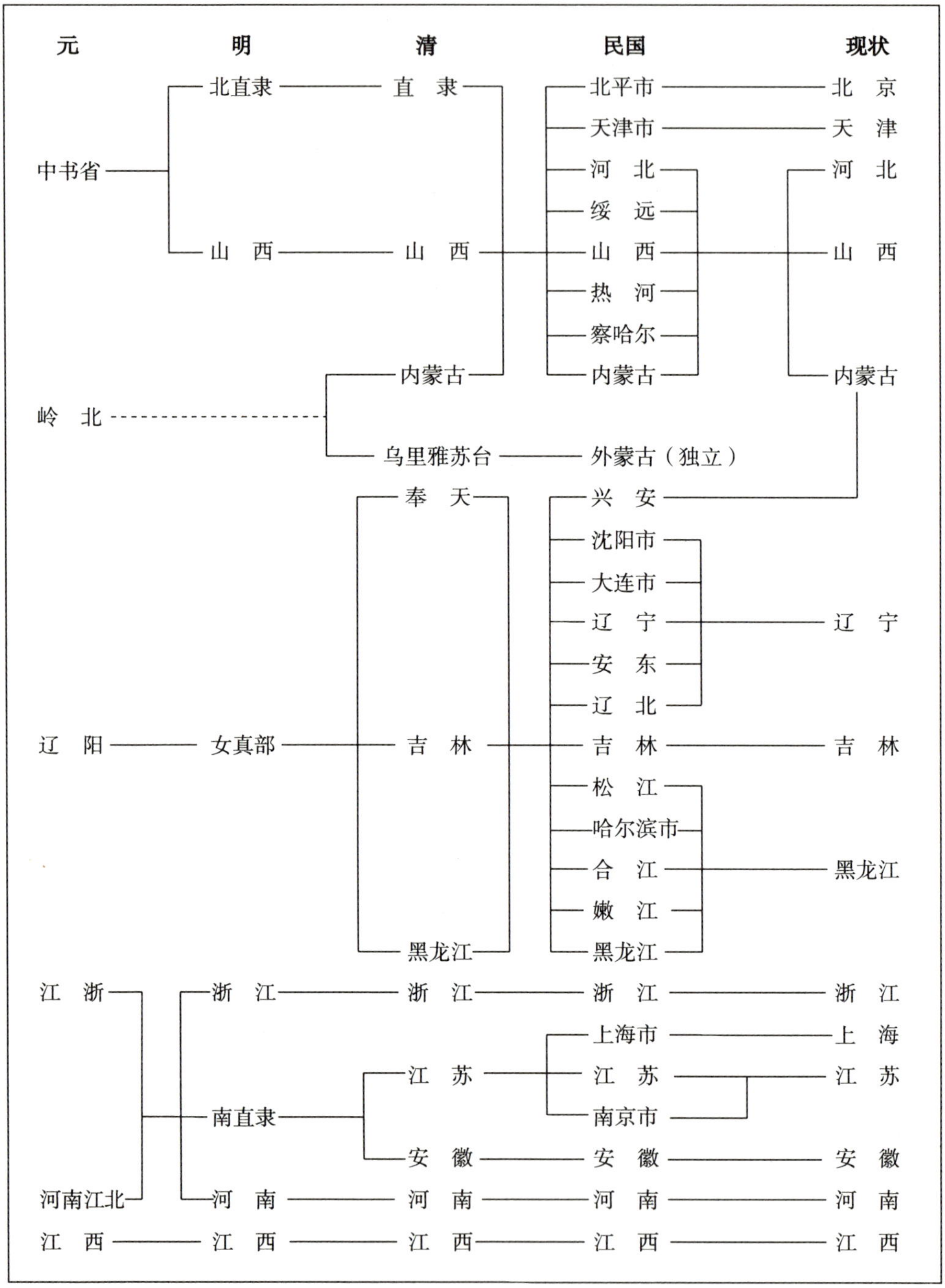

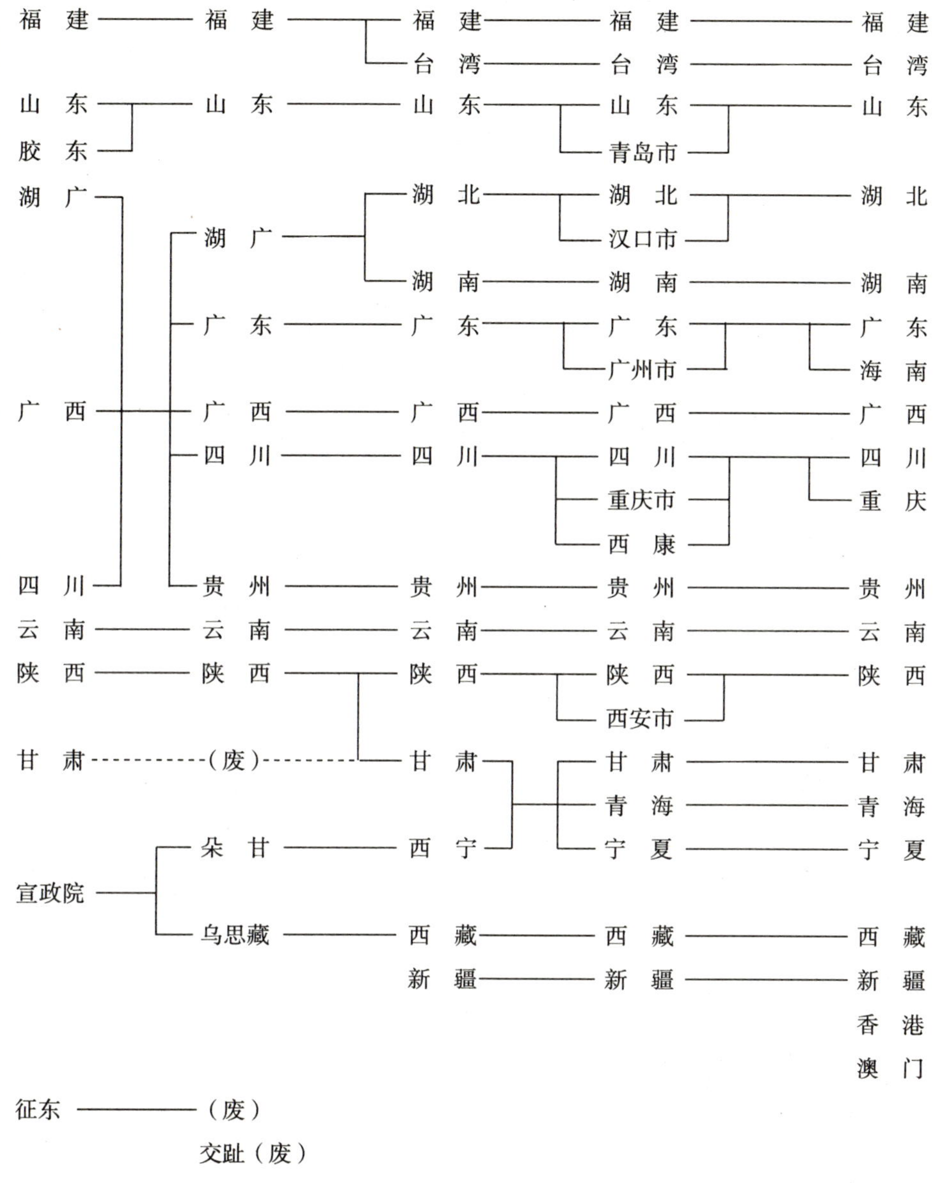

注：①元、明、清、中华民国省略省（承宣布政使司）这一通名。②元代宣政院全称为宣政院辖地。③明代南、北直隶相当于省，朵甘全称为朵甘宣慰司，乌思藏全称为乌思宣慰司；元代设征东省，明代废；明代曾设交趾承宣布政使司，后废。④清代内蒙古全称为内蒙古地区，乌里雅苏台全称为乌里雅苏台将军辖区，西宁全称为西宁办事大臣辖区，西藏全称为西藏办事大臣辖区。⑤中华民国西藏全称为西藏地方，内蒙古全称为内蒙古地区。⑥现行4个直辖市、23个省、5个自治区、2个特别行政区一律省略通名。

表 1　中国历代省级政区统计表

年代		省	自治区	直辖市	郡	州	道	路	其他	合计
秦	前 221				36					36
	前 206				46					46
汉	前 104				89				22	111
	公元 2				83				21	104
	184—222					13			1	14
三国末						16			2	18
西晋	280					19			1	20
	311					21			1	22
隋	609				190					190
唐	758						15			15
	807						48			48
	813						44		1	45
宋	997							15		15
	1085							23		23
	1122							26		26
	1127—1279							16		16
元	1294	11							1	12
	1295—1298	10							1	11
	1299—1306	9							1	10
	1307—1320	10							1	11
	1321—1355	11							1	12
	1356	12							1	13
	1357—1362	13							1	14
	1363—1368	15							1	16
明	1371—1381	12							4	16
	1382—1402	13							4	17
	1403—1406	12							5	17
	1407—1412	13							5	18
	1413—1426	14							5	19
	1427—1644	13							4	17
清	1644—1660	14							1	15
	1661—1663	15							1	16
	1664—1665	16							1	17
	1666	17							1	18
	1667—1883	18							8	26
	1884	19							7	26
	1885—1903	20							7	27
	1904	21							7	28
	1905—1906	20							7	27
	1907—1911	23							4	27

续表

年代		省	自治区	直辖市	郡	州	道	路	其他	合计
中华民国	1912—1913	23							6	29
	1914—1918	23							9	32
	1919—1925	23							8	31
	1926	23		1					8	32
	1927	23		3					8	34
	1928	29		5					2	36
	1929	29		6					2	37
	1930	29		5					2	36
	1931—1934	29		4					2	35
	1935—1938	29		5					2	36
	1939—1944	29		6					2	37
	1945	35		8					2	45
	1946	35		8					1	44
	1947—1948	35		12					1	48
中华人民共和国	1949	30	1	12					7	50
	1950—1951	29	1	13					10	53
	1952	30	1	12					2	45
	1953	30	1	14					2	47
	1954	26	1	3					2	32
	1955—1956	23	2	3					1	29
	1957	22	4	3					1	30
	1958—1964	22	4	2					1	29
	1965—1966	22	5	2						29
	1967—1987	22	5	3						30
	1988—1996	23	5	3						31
	1997—1998	23	5	4					1	33
	1999—	23	5	4					2	34

注:(1)汉代其他栏为21国、20国和西域都护府。(2)三国末、西晋其他栏为西域长史府。(3)唐代其他栏为都护府。(4)元代其他栏1288年以前为总制院辖地,1288年以后为宣政院辖地。(5)明代其他栏为乌思藏都司和朵甘都司(后改为宣慰司)、奴儿干都司(后废)、南京(1378年改为京师,1421年改为南直隶)、北京行部(1403年由北平承宣布政使司改设,1421年改为北直隶)。(6)清代其他栏为直隶(1667年改为直隶省)和盛京(1907年改为奉天省)、吉林(1907年改为吉林省)、黑龙江(1907年改为黑龙江省)、伊犁(1884年改为新疆省)、乌里雅苏台5将军辖区及西藏、西宁2办事大臣辖区和内蒙古地区。(7)民国时期其他栏为蒙古地区(1946年独立)、西藏地方、甘边宁夏护军使辖区(1928年改为宁夏省)、甘边宁海镇守使辖区(1928年改为青海省)、顺天府(1914年改为京兆地方,1919年废,1928年划入河北省)、内蒙古地区(1914年分设绥远、热河、察哈尔3特别区)和绥远、热河、察哈尔、川边(后更名为西康)4特别区(1914年设,1928年分别改为省)。(8)直辖市栏1926—1929年为特别市,1930—1948年为院辖市。(9)中华人民共和国时期其他栏为旅大行署区(1950年改为旅大市)、苏南和苏北2行署区(1952年合并为江苏省)、皖南和皖北2行署区(1952年合并为安徽省)、西藏地方(1955年设自治区筹备委员会,1965年成立自治区)、昌都地区(1955年并入西藏),及川东、川南、川西、川北4行署区(1950年设立,1952年合并为四川省),以及香港特别行政区(1997年设立)、澳门特别行政区(1999年设立)

(作者单位:中国社会出版社)

印度尼西亚地形名称命名原则、政策和程序

乌日扎拉嘎

一、基本概念

(一)背景

地理名称,亦称作地名或者地形名称,在本文中采用"地形名称"一词。根据2006年第112号总统法规规定,成立"全国地形名称标准化团队",并作为国家地名管理的权威机构。

口语中或是书面意义上的地形名称,都是印尼居民悠久文化历史的一部分,来自亚洲大陆的各个角落的各个民族的移民在此定居并形成人类社会。从那时起,人们就用他们当时的流行语言命名他们居所周围的自然特征,如河流、湖泊、山丘、山脉等,包括他们各自的居所。命名这些自然地理特征是为了在社会之间或社会成员之间进行沟通交流。有很多命名自然地理特征的方法,例如:名字可以源于传说或神话,或明显的树木,或在定居时发现的周围不同的动物群等。

自从公元2世纪的克劳迪斯托勒密地图问世以来,在当今社会,地图上的地形名称在经济、贸易、社会、政治活动和潜在的人与人之间的沟通方式方面扮演着一个不可或缺的角色。

印度尼西亚很幸运,因为从早期历史时期开始与外界交流的时候,它就采用罗马字母书写地图名称和官方文件。作为一个拥有悠久文化历史,多种族和约700种民族语言的国家,在地名书写、发音,尤其是不同民族语言地名的标准化工作不是一件容易的事情。

（二）目的

本文的目的在于帮助中央政府以及地方政府管理人员、私人企业、地图制造商、教育者和社会大众去理解地形名称的历史、文化、意义、标准化、拼写和发音等各个方面的知识。

（三）范围

本文由背景、目的、范围、术语理解、印尼语、民族区域语言、命名及其意义、拼写、新特征的命名原则、命名政策、命名程序、地名词典和结束语等部分组成。

（四）术语

地名标准化的原则、政策和程序文件中包括以下术语及其解释：

1. 原则：形成地形特征命名的思维和行动的基础；

2. 政策：组成有关地形特征命名工作执行的总体方针和规划基础的概念和原则的范围；

3. 程序：完成任务所需的活动或运算程序的步骤；

4. 指导方针：提供参考的文件，诸如如何进行地名实地调查、访谈、定位、记录、书写、拼写、处理、数据库的开发、管理和地形特征名称标准化的发布。

5. 标准化：一个核查和验证名称的过程或机制，包括从村级到省级，以及中央政府级别的所有名称。

6. 地形特征：包括地球表面的地形特征和海面以下的地形特征（水下特征）。包括以下3个种类：

a. 物理特征：指地表面和海平面以下的特征（水下特征），这些特征是由地壳活动导致的（内部和外部活动）。其中，以印尼语为例有：gunung（山）、pegunungan（山脉）、dataran tinggi（高地）、gua（洞穴）、lembah（山谷）、danau（湖）、sungai（河流）、muara（河口）、samudera（海洋）、laut（海）、selat（海峡或通道）、teluk（湾）、pulau（岛）、kepulauan（群岛）、tanjung（海角）、semenanjung（半岛）、gunung bawah laut（海底山）、palung（水槽）、parit（沟谷）等。

b. 人造特征：基础设施，包括以下实例：bandar udara（机场）、bandar laut（海港）、bendungan jembatan（坝）、terowongan（桥）、mercu suar（灯塔）、kawasan pemukiman（居民区，不动产）、kawasan industri（工业区）、tempat beribadah（祭祀建筑，如清真寺、教堂、寺庙等）、tugu（纪念堂）、jalan（道路）、jalan tol（收费公

路）等。

c. 行政特征：ⅰ. 行政或政治部门：provinsi（省份，分权地方政府的第一级，等同于美国的州）、kabupaten and kota（分权地方政府的第二级别，等同于美国的县和市）、kecamatan（等同于地方的一个行政单位），还有 desa（村庄）；ⅱ. 特殊行政区域，如保护区、封禁林、受保护海洋区域、野生动物保护区、湿地等。

7. 地形名称或地名：地形特征的专有名称由两个元素组成，也就是通名和专名。

a. 通名：通名是描述地形特征的物理特性或者形态特征的。

b. 专名：地形特征的专有名称。

8. 当地地名：在该区域中的一种语言中出现的地形特征名称。

9. 外来地名：在特定的语言中使用的名称，且地形特征位于该语言具有官方地位的区域以外的区域中。并与区域中官方语言所使用的名称或地理特征所在地区语言的名称不同形式的名称。

10. 地图（地形图）：在一定规模上，将地球表面的全部或者部分呈现在平面媒体上的图件。

11. 地名词典：按字母顺序排序的地名列表，显示地理位置、在本行政区域的位置和其他定义或描述性信息，如名称的历史、名称的含义和其他物理数据。

12. 地名研究：以地名研究（尤其是地形名称研究）为研究对象的科学。

13. 地名：用于描述地形特征的名词。地形特征名称是一个地理名称和外加词的综合术语。

14. 国家地名标准化委员会是国家地形名称的权威机构，根据 2006 年 12 月 22 日在雅加达颁布的总统法规 112 条建立。

15. 每个省区和县都有地名标准化委员会。

二、国家语言和地方语言

（一）印度尼西亚语

印度尼西亚是一个多元文化、多民族、多宗教和多语言的国家。印度尼西亚语是国家统一语言。印尼语采用罗马字母。因此，地形名称书写应符合印尼语和民族语言的正字法的新标准。常用于印尼语的罗马字母表如下：

字母	音素	字母	音素	字母	音素
A a	a	J j	je	S s	és
B b	be	K k	ka	T t	te
C c	ce	L l	él	U u	u
D d	de	M m	ém	V v	ve
E e	e	N n	én	W w	we
F f	éf	O o	o	X x	éks
G g	ge	P p	pe	Y y	ye
H h	ha	Q q	qyu	Z z	zét
I i	i	R r	ér		

（二）本土语言

本土语言是指当地人说的语言（母语）。印度尼西亚有大约 726 种本土语言。根据地理位置分布，在爪哇岛、马都拉岛和巴厘岛就有 19 种地方语言，其中包括爪哇语、马都拉语、巽他语和巴厘语。努沙登卡拉（巴厘东部到印尼的东帝汶群岛链）有 114 种当地语言。加里曼丹有 82 种，苏拉威西岛有 114 种，马鲁古有 131 种，巴布亚有 265 种。

根据语言使用人数统计，超过 1000000 人使用者的有：爪哇语 75200000 人、巽他语 27000000 人、马都拉语 13694000 人、马来敏昂兰语 6500000 人、巴塔克语 51500000 人、武吉语 4000000 人、巴厘语 3800000 人、亚齐语 3000000 人、萨萨克语 2100000 人、玛卡萨瑞斯语 1600000 人、瑞詹语 1000000 人（古鲁省为苏门答腊南部西部省）。因此，在每个省建立语言中心，以编写本地主流语言的拼写和发音指南。

（三）拼写

地名标准化应该使用 1978 年的新版印尼语以及本地语言的拼写指南。新的拼写例子如下：其中，“dj”变成“j”，如“Djakarta”变成“Jakarta”；“ch”变成“c”，如“Chirebon”变成“cirebon”；“ch”变成“kh”，如“chuusus”“khuusus”；“oe”变成“u”，如“soengai”变成“sungai”。

三、地名命名的原则、政策和程序

（一）命名原则

1. 罗马字母的使用

所有地形特征的标准名称都应使用罗马字母。不使用变音符号，如 á、â、ã、ä、ì、í、ï、ù、ú、û、ü，或者连字符“－”，但是在特殊情况下可以使用连字符。这种情况下可以咨询语言学家。

例如：博朗－Mongondow，位于北苏拉威西省夫的一个县，是由过去的两个王国博朗和 Mongondow 的名字整合而来。重叠名称中不能用连字符，例如：托利托利、穆卡穆卡、旺伊旺伊等。

2. 一个名称对应一个地形特征

在同一级别的行政区与同一地形特征应该只有一个名称，如村庄。这意味着相同的名称可能会被应用到另一个村庄。

3. 使用本地名称

本地语言中的所有通用名称，任何时候都可以使用，本地语言中的所有特定名称不应该被翻译为印度尼西亚语言。

例如：印尼语中河流称作“Sungai”。西瓜哇省的流行语言是巽他语，这里的河流用“Ci”一词。一个在巽他语中叫作“Ci Tarum”的河流。不能将其改称为“Sungai Tarum”或者“Sungai Ci Tarum”。再如：西瓜哇省有一个叫作“Ci Beureum”的河流（Beureum 在印尼语中写作“merah”，在英文中指红色），但是不能将其改称为“Ci merah”或者“Sungai merah”。

4. 使用本地通用名称

在地名标准化中，印度尼西亚采用本地通用名称作为官方名称。

例如：“河流”一词（印尼语中称为“Sungai”）分别为：在西瓜哇省称作“Ci”，亚齐省为“Krueng”，苏门答腊岛为“Batang”，亦有称作“Wai”（如楠榜、松巴哇岛、布鲁岛、塞兰岛、苏拉、西巴布亚省）。“岛屿”一词（印尼语中称为“pulau”）分别为：Nusa（巴厘岛）、Gili（龙目岛）、Toade（苏拉威西岛）、Meos（马鲁古群岛）等。“山脉”（印尼语中称为“gunung”）一词分别为：cot（亚齐省）、buku（哈马黑拉岛）、dolok（北苏门答腊岛）等。

更多信息请参考由国家地名标准化团队编写的"通用名称列表"。

5. 基于法律和总统行政命令的名称

地形名称及其应用程序,尤其是由议会或行政命令特别设立的程序,法律上是正式的。这些由法律设立的名称将取代殖民地的名称,因为殖民地的名称必须在独立之后进行更改。

例如:"巴达维亚"(荷兰语名称)改为"雅加达","别滕佐格"(荷兰语名称)改为 Bogor(茂物)。巴布亚的首府(荷兰语名称)霍兰迪亚(Hollandia)改为查亚普拉。还有一些具有政治冲突的名称的改变也应由法律或行政命令建立。

6. 不能用贬义性质名称

国家地名标准化团队禁止官方地名中出现贬义词,包括一切被认为是贬损任何民族、种族、性别或宗教团体的名称。

7. 不能使用外语

地名标准化不允许使用外语地名。

例如:Bogor Lake Side、Raffles、Hill、Florida Beach、Senayan City for a mall、Vermont Real Estate、Sentul City 等。

8. 不能用特有名称

地形特征的名称不能用机构名称或个人名字,又或者任何一个工程的名称。

9. 不能使用长名

为了通信中的效益,为地形实体命名不能使用太过冗长的名称。

例如:在南打巴奴里的一个县有一个称作"Purbasinombamandalasena"的村庄。

10. 不能以算数形式命名

为了避免出现混淆,地形特征命名不能使用算数形式的名称。

例如:在西苏门答腊省有一个行政区域称作"Ⅳ X 11 6Lingkung"(英文读作 4 乘以 11 6 Lingkung)。

11. 人造地物的使用

人工基础设施被认为是地理实体的一部分,例如:机场、港口、坝、道路、收费公路、火车站、医院、清真寺、体育馆、教堂、学社、房产等,只要不违背相应的原则和政策即可为其命名。

例如：Bandara（Banda Udara）Sukarno-Hatta、Gelora（Gelanggang Olah Raga）Bung Karno 等。

（二）命名政策

1. 纪念名称

基于原则8，地形特征命名不能使用特定的名称，如人名或者机构名称等。但是，为了纪念某个人，也许是本地居民或者是外国人，如果他或她为国家、民族、科学的发展作出过杰出贡献，并且已经去世最少 5 年以上，可以采用他或她的名字作为地形名称。

例如：苏塔米（苏塔米大坝）、苏迪曼（苏迪曼将军路）等。

2. 本地名称使用政策

基于原则3，地形名称应该是当地人们所熟知并使用的名称。但是，会存在一个地形特征由很多种当地语言命名的情况。在这种情况下，会选择当地最流行的语言所命名的名称作为官方名称，同时其他语言的名称作为该地形特征的别称存在。

例如：有个岛有 3 个名称，分别是南苏拉威西的布吉语、马鲁古语和德那第语。

由于该岛位于德那第语言区，所以选择德那第语作为官方名称。另外两个名称作为别称在地名词典中存在。注意，不能去掉别称，因为别称也是历史的一部分。

3. 一个地形特征对应一个名称

基于原则2，一个地形特征在同级别的行政区应该有且只有一个名称。但是如果某地有很多相同地形特征且在同一行政区使用同一个名称，如在一个村庄。在这种情况下，可以在专名之后加上形容词或者方向指示词以进行区别。

例如：在一个沿海村庄有 4 个同名的岛，叫作巴比岛。为了避免混淆，采用以下方式：在专名前加形容词或指示方向词，如北巴比岛、南巴比岛等，或者大巴比岛、小巴比岛等。但是，所加的形容词必须使用当地的语言。由此而来的新名称在不同的团体中各自使用。

（三）命名程序

为了国家统一标准，在该导则中地形特征名称的决定和检验过程如下。

1. 确定地形特征名称

地形名称的确定要根据前面所列的11个原则。

2. 地形名称变更

基于以下原因，地形特征名称可以改写：

(1)该名称已被同一行政级别的另一个地方使用；

(2)最初源自于外语；

(3)政治、经济和社会原因；

(4)为保护当地的历史和文化；

(5)为了纪念某一个人为国家作出的贡献。

3. 注销地形名称

基于以下考虑，地形名称可能被注销或不被列入政府行政管理中。

(1)由于行政区域扩展或者行政区域的合并而导致的变更；

(2)由于自然灾害导致一个村庄或者地形特征突然消失；

(3)由于发展而导致居所的迁移或者居民重新定居或移居的情况。

合并地形名称：当两个行政区域合并的时候其名称也需进行合并处理。

例如：邦加勿里洞省，当邦加岛和勿里洞岛合并成为一个省的时候，合并而成这一名称。博朗－Mongondow，系北苏拉威西的一个县，为过去的两个王国，博朗和Mongondow合并成为一个现在的县名。

4. 确定和验证地形名称的步骤

(1)按照地名标准化的指导方针，在村长的领导下，由各自的村社提出更改、注销和合并名称的建议。

(2)村长与村委协商机构共同处理建议，并将成果提交给区长或者市长。

(3)区长或市长提请县级地名标准化委员会研究村级的提议。

(4)县级地名标准化委员会将研究成果以及建议提交给区长，并继续将研究报告以及建议提交到各地区的省长。

(5)当收到研究成果和建议之后，省长会提请省级地名标准化委员会重新审议，并决定是否同意向国家地名标准化主席、内政部长提交该成果。

(6)作为国家地名标准化委员会主席的内政部长，邀请专家组成员进行审阅，并收集他们的意见，如果响应是积极的并且获得该委员会的通过，则经验证和确认之后，这个名称将列入国家地名词典。

(7)作为国家地名标准化委员会主席的内政部长有特权更改、注销或者合并那些不是由国家地名标准化委员会建议的地形名称。但是必须注意，被更改的名称仍将作为一个别名在地名词典中存在。

四、国家地名词典

国家地名词典包括地名标准和标准化及一些附加信息，如在行政区的位置、地理坐标、名称的意义和历史、当地语言的通名以及其他一些附加信息。国家地名词典根据需要将不断进行修改。

国家地名词典为政府管理者、私营机构、教育工作者、大众媒体编辑以及所有公民提供参考。

五、地图

地图是指包含标准化名称的地形图。这些地形图是提供专题信息的国家基础地图。地形图的坐标依据 1995 年的国家大地基准，称为 1995 年印度尼西亚基准测地，由 WGS1984 椭球地心基准定义，并基于通用横轴墨卡托投影地图系统。

由国家调查和制图协调机构出版的地形图的比例尺有：1∶10000；1∶25000；1∶50000；1∶100000；1∶250000；1∶1000000。目前数字地图也能用。

六、结束语

地名标准化原则、政策和程序是一则为地图制造商、政府管理者、教育工作者、资讯供应商以及全社会用标准的印尼语使用地形名称提供帮助的文件。

本文件将作为所有机构、政府以及个人在书写和拼写地名时的参考。印尼语和所有民族语言的应用使得国家语言更加丰富，同时促进国家语言在地理实体中的使用。

（作者单位：民政部地名研究所）

大都市区行政区规模与管理幅度研究

——以珠江三角洲为例

卢道典　黄石鼎　林　琳　宁超乔　钟志平　杨　莹

珠江三角洲地区是我国比较成熟的大都市区之一，包括9个地级（以上）市、45个县（市、区）、590个乡（镇、街）、9054个村（居）。总体而言，珠江三角洲地区地级政区规模偏小，县级政区土地规模略小，常住人口规模偏大，而乡级政区规模偏大；地级政区管理幅度偏小，县级政区管理幅度偏大，乡级政区管理幅度略大，纵向政区结构为“上尖下扁”形态。为进一步优化发展格局，建议按照“减少层次、重划市域、扩并县乡、重构社区、分等管理、区域协调”的思路，对规模较小的地级市进行合并，并对县乡级政区进行重组。

珠江三角洲是我国典型的大都市区之一，行政区划设置既具有一般大都市区的普遍性，也具有自身独特的特征，其中行政区规模和管理幅度是政府高层、研究机构及相关专家学者关注的热点之一。2000年后，广东省组织编制了多个规划，其中多次涉及行政区划问题，《珠江三角洲城镇群协调发展规划（2004—2020）》提出在工业化程度较高的小城镇密集地区，通过调整行政区划及提高规划建设标准，改造物质环境风貌等手段，促进村镇型管理模式向城市型管理模式转变，引导其空间拓展由无须蔓延走向集约式发展，把小城镇建设成为人居环境良好、服务功能完善的新型市镇。《珠江三角洲地区改革发展规划纲要（2008—2020）》提出适应经济社会发展需要，选择有条件的地方合理调整行政区划，试点省直管县体制，进一步扩大县级政府经济社会管理权限，并指出对与县级政府驻地联系紧密的乡镇，在条件成熟时转为县级政府的派出机构，对规模较大和城镇化水平较高的特大型乡镇，整合设立地级市的市辖区。《广东省城镇化发展“十二五”规划》提出加快珠江三角洲地区一体化进程，并明确提升佛山、珠海、东莞、惠州、中山、江门、肇庆等地区性中心城市的集聚辐射功能，形成核心突出、支撑力强、各具优势和特色的城乡一体化发展格局。《广东省新型城镇化规划（2014—2020年）》（公众咨询稿）提出建设珠三角世界级城市群，并明确逐步调整现行市带县体制，推行强县扩权，试点省直管县，以及把珠三角地区符合条件的少数“巨型镇”升格为市，在不调整行政级别的前提下赋予相应的经济社会管理权限。《国家新型城镇化试点方案》中涉及广东省的广州市试点工作方案、东莞试点工作方案及深圳光明新区试点方案、惠州市试点工作方案等，并指出，反映出珠江三角洲地区行政区划问题已经引起高度关注。

一、我国大都市区的基本概况

在西方发达国家，政府对大都市区（metropolitan area/region）有比较明确的阐释，并且确定了大都市区的界定标准。而我国尚没有大都市区的统一概念和严格界定，周一星认为都市区是与中心城市具有密切社会经济联系的、以非农业经济为主的县域单元间的组合，属于城市的功能地域概念。刘君德认为都市区是规模较大的一个或两三个中心城市和外围与中心城紧密相连的若干小城市的地域空间，并将中国都市区划分为单一型都市区和并列型都市区，认为都市区和都市圈可以相互通用。宁越敏认为大都市区是城市功能区的概念，由具有一定规模的中心城市和周边与之密切联系的县域组成。一般认为，规模较大的一个或两三个中心城市和外围与中心城市紧密相连的若干小城市的地域空间。

目前，我国大陆共有大都市区23个（具体如表1），其中长三角地区、珠三角地区、京津冀地区、辽东半岛、山东半岛是我国发育比较成熟的大都市区，其余为成长中的大都市区。

表1　我国大陆主要大都市区行政区规模与管理幅度概况

名称	常住人口（万）	占地面积（km^2）	人口密度（人/km^2）	城镇化率（%）
长三角地区	10166.38	100504	1012	70.52
珠三角地区	5611.83	55570	1010	82.74
京津冀地区	8378.53	182501	459	59.95
山东半岛地区	4375.53	74074	591	57.77

续表

名称	常住人口(万)	占地面积(km^2)	人口密度(人/ km^2)	城镇化率(%)
辽东半岛地区	4070.16	127469	319	63.95
武汉地区	3024.29	58066	521	55.95
中原地区	4153.14	58840	706	45.73
成渝地区	9895.13	252073	393	45.66
海峡西岸地区	2918.57	56098	520	59.23
长株潭地区	1464.83	28078	522	56.82
江淮地区	3569.00	86172	414	48.71
环鄱阳湖地区	1906.35	57832	330	49.13
关中地区	2319.98	55451	418	49.99
南北钦防地区	1214.75	42514	286	46.33
哈大长地区	3388.04	185576	183	54.81
晋中地区	881.95	27925	316	64.89
呼包鄂地区	745.77	131744	57	70.35
银川平原地区	507.32	52170	97	54.06
酒嘉玉地区	132.69	196909	7	58.15
黔中地区	1946.35	104597	186	34.61
天山北坡地区	392.76	31721	124	87.84
兰白西地区	1217.90	70398	173	45.29
滇中地区	2177.61	94204	231	43.75

二、珠江三角洲大都市区行政区规模研究

(一)地级政区规模的概况、特征及成因

1. 基本概况

珠江三角洲地区包括9个地级市(其中广州、深圳为副省级市,以下仍按地级市进行统计分析),总面积为54759km^2,常住总人口为5715.19万人,具体如表2所示。

表2　珠江三角洲地区地级市政区规模情况

地级市	辖区面积(km^2)	户籍人口(万人)	常住人口(万人)	人口密度(人/ km^2)	城镇化率(%)
广州	7248.86	832.31	1292.68	1783	85.27

续表

地级市	辖区面积（km^2）	户籍人口（万人）	常住人口（万人）	人口密度（人/ km^2）	城镇化率（%）
深圳	1996.78	324.32	1062.89	5323	100.00
珠海	1724.32	108.57	159.03	922	87.85
佛山	3797.73	381.61	729.57	1921	94.88
东莞	2460.01	188.93	831.66	3381	88.75
中山	1783.67	154.09	317.39	1779	88.00
江门	9505.42	393.00	449.76	473	64.10
惠州	11346.14	343.37	470.00	414	66.00
肇庆	14891.23	429.82	402.21	270	43.82

资料来源：广东统计年鉴2014。

从辖区面积来看，珠江三角洲地区9个地级市平均辖区面积为6084.33平方千米。其中，超过此平均面积数的地级市有4个，所占比例为44.44%，分别为广州、江门、惠州和肇庆。此外，面积最大者为肇庆，市域面积为14891.23km^2，最小者为珠海，市域面积仅为1724.32km^2，前者是后者的8.64倍。

从辖区人口来看，珠江三角洲地区平均每个地级市人口为635.02万人。其中，超过此平均面积数的地级市有4个，所占比例也为44.44%，分别是广州、深圳、佛山、东莞；珠江三角洲地区户籍人口为3156.02万人，平均每个地级市户籍人口为350.67万人。其中，超过此平均数的地级市有4个，所占比例为44.44%，分别是广州、佛山、江门、肇庆。

此外，从经济发展方面看，珠江三角洲地区2013年的GDP为53060.48亿元，平均每个地级市GDP为5895.61亿元，超过此平均数的地级市有3个，所占比例为33.33%，分别为广州、深圳、佛山。

2. 基本特征

第一，辖区平均规模相对较小。9个地级市平均面积与长江三角洲地区比较，略低于16个核心地级市的6838.94km^2，更远低于京津冀地区13个地级以上市的平均面积16577km^2，也低于广东全省21个地级市平均面积数8556.79km^2，这都表明珠江三角洲地区地级市面积相对偏小；从各市常住人口规模来看，珠江三角洲地区9个地级市平均常住人口数也略低于长江三角洲地区16个核心城市的平均常住人口规模685.25万人和京津冀平均常住人口853.85万人。

第二，地级政区间规模差异较大。在珠江三角洲地区9个地级市中，市域辖区面积最大的肇庆14891.23平方千米，最小的珠海仅1724.32平方千米，前者是后者的8.64倍，人口最多的广州1292.68万人，最少的珠海159.03万人，前者是后者的8.13倍，2014年经济总量最大的广州GDP达16706.87亿元，而最小的肇庆仅为1845.06亿元，前者是后者的9.05倍。

3. 形成原因

形成珠江三角洲地区地级政区规模特征的主要原因是不同的设市模式所致，主要有以下类型：

第一，切块设市。1909年清政府颁布了《城镇乡地方自治章程》《城镇乡地方自治选举章程》，首次创立了城镇的规范，使城镇建制独立于乡村而实行分治，这开创了我国市制（市政体制）的雏形，1921年2月15日广东省议会颁布《广州市暂行条例》，并在1922年依条例组建广州市，成为我国近代行政区域建制意义的第一个市，此后直至改革开放前，切块设市是我国主要的设市模式。

第二，地改市。新中国成立后颁布了《关于设置市、镇建制的决定》，该决定明确规定"市是属于省、自治区、自治州领导的行政单位，聚居人口在10万以上的城镇可以设置市的建制。聚居人口不足10万的城镇，必须是重要工矿基地、省级地方国家机关所在地、规模较大的物资集散地或者边远地区的重要城镇，并确有必要时可设置市的建制"，并且明确"人口在20万以上的市，如确有分区必要，可以设市辖区"。而改革开放以后，"撤地设市"成为大势所趋，如1988年1月，国务院批准撤销惠阳地区，分设惠州、东莞、汕尾、河源4个地级市，直接使珠江三角洲地级市数量增加。

第三，县级市升格为地级市。如东莞，在唐代至德二年（757）时始设县，所辖地域范围几经变化，新中国成立之后曾先后隶属东江行政区、粤中行政区、惠阳专区、佛山专区以及广州管辖，1985年东莞撤县设市（县级），仍属于惠阳地区管辖，1988年经国务院批准为广东省管辖的地级市。中山是另一个由县升格为市的案例，原为香山县，在南宋绍兴二十二年（1152）由香山寨升级为香山县，属于广州府，此为中山始有县级行政区划，在1925年4月15日为纪念孙中山先生改名为中山县，新中国成立后曾先后属珠江、粤中、佛山地区管辖，1983年经国务院批准撤县设市（县级），由佛山市代管，1988年又经国务院批准升格为地级市。

此外，特区设市是珠江三角洲地区的特殊类型，包括深圳、珠海两市，深圳原隶属于宝安县，1979 年中央和广东省决定将宝安县改为深圳市，受广东省和惠阳地区双重领导，同年 11 月又经广东省委批准改为省辖地级市，1980 年 8 月，全国人大常委会批准在深圳设置经济特区，1981 年 3 月，深圳升格为副省级市，1988 年国务院又批准深圳在国家计划中实行单列，并赋予相当于省一级的经济管理权限。珠海是因特区而设的另一个地级市，原为中山县的一部分，在 1953 年 4 月经政务院批准成立珠海县，此后珠海始为独立的行政建制，1956 年底将中山县的 6 个乡划入珠海县，1979 年 3 月国务院批准成立珠海市，珠海县由此改为省辖市建制，1980 年 8 月，珠海经济特区成立。

（二）县级政区规模的概况、特征及成因

1. 基本概况

目前，由于东莞、中山为不设区的地级市，珠江三角洲地区中的 7 个地级市共管辖 45 个县（市、区），总面积为 50477 平方千米，常住总人口为 4566.14 万人，其规模概况如下：

从辖区面积来看，珠江三角洲地区 45 个县（市、区）的平均每个县（市、区）辖区面积为 1121.71km^2。其中，超过此平均面积数的地级市有 17 个，所占比例为 37.78%。此外，面积最大者为怀集县，县域面积为 3573km^2，最小者为广州市越秀区，辖区面积仅为 33km^2，前者是后者的 108.27 倍。其规模结构总体上为“两头少、中间多”的菱形状，具体如下表 3 所示。

表 3　珠江三角洲地区各县（市、区）面积情况

规模范围（km^2）	具体县（市、区）名称	数量（个）	百分比（%）
<100	越秀、荔湾、海珠、天河、福田、罗湖、盐田	7	15.56
100～300	南山、禅城、江海、端州	4	8.89
300～1000	白云、黄埔、番禺、花都、南沙、宝安、龙岗、香洲、斗门、金湾、顺德、三水、高明、蓬江、鼎湖	15	33.33
1000～2000	从化、增城、南海、新会、开平、鹤山、恩平、四会、惠城、惠阳	10	22.22
>2000	台山、高要、广宁、怀集、封开、德庆、博罗、惠东、龙门	9	20.00

数据来源：相关统计年鉴。

从辖区人口来看，珠江三角洲地区 45 个县（市、区）平均每个地级市人口为

101.47 万人。其中，超过此平均数的地级市有 15 个，所占比例也为 33.33%。其中，常住人口规模最大的深圳市宝安区有 461.87 万人（包含光明新区和龙华新区），规模最小的肇庆市鼎湖区有 16.96 万人，前者是后者的 27.23 倍。总体来看，珠江三角洲各县（市、区）常住人口规模结构和辖区规模一样，也呈“两头小、中间大”的菱形结构，具体如下表 4 所示。

表 4　珠江三角洲地区各县（市、区）人口情况

规模范围（万人）	具体县（市、区）名称	数量（个）	百分比（%）
<30	盐田、金湾、江海、鼎湖	4	8.89
30～50	斗门、高明、鹤山、恩平、端州、广宁、封开、德庆、龙门	9	20.00
50～100	荔湾、黄埔、花都、南沙、从化、罗湖、香洲、三水、蓬江、新会、台山、开平、高要、四会、怀集、惠阳、惠东	17	37.78
100～150	越秀、天河、番禺、增城、福田、南山、禅城、博罗	8	17.78
>150	海珠、白云、宝安、龙岗、南海、顺德、惠城	7	15.55

数据来源：相关统计年鉴。

2. 基本特征

第一，县级政区平均面积总体较小。珠江三角洲地区 45 个县（市、区）平均面积为 1121.71km^2，高于长江三角洲地区核心区内平均县级政区面积 828.96km^2，而略低于京津冀地区平均县级政区面积 1177.60km^2，仅为广东全省平均县级政区面积 1510.02 平方千米的 74.23%。

第二，县级政区平均人口规模较大。珠江三角洲地区 45 个县（市、区）平均常住人口达 101.47 万人，高于长三角地区县级政区人口平均值 83.06 万人、京津冀地区县级政区人口平均值 60.66 万人和广东全省县级政区人口平均值 89.45 万人，分别是长三角地区平均值的 1.22 倍、京津冀地区平均值的 1.67 倍和广东省平均值的 1.13 倍。

第三，县级政区规模结构差异显著。珠江三角洲地区 45 个县（市、区）中，政区面积低于 2000km^2 的有 36 个，所占比例为 80%。其中，面积低于 1000km^2 的有 26 个，所占比例为 57.78%；面积低于 300 平方千米的有 11 个，所占比例为 24.45%；面积不足 100km^2 的有 7 个，所占比例为 15.56%。

第四，县级政区平均规模呈现“县 > 县级市 > 市辖区”。33 个市辖区平均面积为 666.45km²，5 个县级市平均面积为 1798.80km²，7 个县平均面积为 2785.71km²，从县级政区类型的差异来看，呈现“县 > 县级市 > 市辖区”总体格局。

3. **形成原因**

第一，受“郡县治，天下安”的思想影响，我国县制长期保持稳定，使县数量总体稳定。珠江三角洲地区的县、县级市以及部分改为区的原县制整体比较稳定，即便“撤县改区”，也多为整建制调整，对县级政区影响有限，近年来的撤县（市）设区情况如表 5 所示。

表 5　2000 年后珠江三角洲地区撤县（市）设区情况

年份	撤县（市）设区情况	备注
2000 年	撤销县级番禺市，设立广州市番禺区；撤销县级花都市，设立广州市花都区	
2001 年	撤销县级斗门县，设立珠海市斗门区	
2002 年	撤销县级南海市，设立佛山市南海区；撤销县级顺德市，设立佛山市顺德区；撤销县级三水市，设立佛山市三水区；撤销县级高明市，设立佛山市高明区；撤销县级新会市，设立江门市新会区	将南海市南庄镇划入佛山市禅城区范围
2003 年	撤销县级惠阳市，设立惠州市惠阳区	将惠阳市所辖的陈江、潼湖、潼桥、沥林、水口、马安、横沥、矮陂、芦洲、大岚 10 个镇划入惠城区管辖
2014 年	撤销县级从化市，设立广州市从化区；撤销县级增城市，设立广州市增城区	
2015 年	撤销县级高要市，设立肇庆市高要区	

资料来源：根据相关年份《中华人民共和国行政区划简册》整理所得。

第二，切块设区使规模较大的市辖区逐步减少。2000 年以后，珠江三角洲地区出现切块设区的现象，具体如表 6 所示。例如，深圳特区 1982 年 1 月成立罗湖区，管辖经济特区全部范围，1990 年特区内成立罗湖、福田、南山三个市辖区，1997 年又经国务院批准从罗湖区分出沙头角镇和梅沙、盐田两个行政街道，成立盐田区，为深圳市 6 个行政区之一。又如珠海在 1984 年大部分为香洲区，2001 年 4 月，国务院批准斗门撤县设区，将辖区内平沙、红旗 2 个镇和原香洲区的三灶、小林、南水 3 个镇成立金湾区。

表 6　2000 年后新设市辖区情况

年份	名称	范围
2002 年	珠海市金湾区	原珠海市香洲区的三灶、南水、小林 3 个镇和原斗门县的红旗、平沙 2 个镇
2005 年	广州市萝岗区	原白云区的萝岗街道，钟落潭镇的九佛、穗北 2 个居委会以及红卫、凤尾、埔心、蟹庄、枫下、佛朗、燕塘、莲塘、山龙、重岗、黄田、何棠下、迳下、长庚 14 个村，原黄埔区的夏港街道、荔联街道的笔岗居委会、穗东街道的东基和西基 2 个自然村，天河区新塘街道的王树村，增城市中新镇的镇龙居委会和镇龙、迳头、九楼、大坦、麦村、金坑、均和、福洞、福山、大涵、汤村、旺村、洋田、新田 14 个村，新塘镇的贤江、新庄、永岗、禾丰 4 个村
2005 年	广州市南沙区	原番禺区的南沙街道、万顷沙镇、横沥镇、黄阁镇，灵山镇的庙商村、七一村和庙青村的部分区域，东涌镇的庆盛村、沙公堡村、石牌村的各一部分

资料来源：根据相关年份《中华人民共和国行政区划简册》整理所得。

第三，市辖区合并情况使县级政区规模有所扩大。2000 年以后，珠江三角洲地区出现了市辖区合并的现象（如表 7 所示），县级政区的数量有所减少，如广州市辖区变化由 12 个减为 11 个，使县级政区的规模有所扩大。

表 7　2000 年后市辖区合并情况

年份	合并前	合并后	备注
2002	佛山市城区和石湾区	佛山市禅城区	划入原南海市南庄镇
2005	广州市越秀区和东山区	广州市越秀区	划入原白云区的矿泉街道，原天河区的登峰街道、天河南街道的杨箕和中山一 2 个居委会、沙东街道部分区域
	广州市荔湾区和芳村区	广州市荔湾区	
2014	广州市黄埔区和萝岗区	广州市黄埔区	

资料来源：根据相关年份《中华人民共和国行政区划简册》整理所得。

（三）乡级政区规模的概况、特征及成因

1. 基本概况

根据统计，珠江三角洲地区 9 个地级市共有 590 个乡（镇、街），具体如表 8 所示。

表 8　珠江三角洲地区各市乡(镇、街)政区规模

地级市	乡(镇、街)数量(个)	总面积(km^2)	平均面积(km^2)	常住人口(万人)	平均人口(万人)
广州	170	7248.86	42.64	1292.68	7.60
深圳	57	1996.78	35.03	1062.89	18.65
珠海	24	1724.32	71.85	159.03	6.63
佛山	32	3797.73	118.68	729.57	22.80
东莞	32	2460.01	76.88	831.66	25.99
中山	24	1783.67	74.32	317.39	13.22
江门	78	9505.42	121.86	449.76	5.77
惠州	69	11346.14	164.44	470.00	6.81
肇庆	104	14891.23	143.18	402.21	3.87

资料来源:根据相关地市统计年鉴整理所得。

从珠江三角洲地区 9 个地级市来看,乡(镇、街)平均面积最大的是惠州 164.44km^2,平均面积最小的是深圳为 35.03km^2,前者是后者的 4.69 倍;平均人口规模最大的是东莞 25.99 万人,平均人口规模最小的是肇庆 3.87 万人,前者是后者的 6.72 倍。

从珠江三角洲地区 45 个县(市、区)来看,乡(镇、街)平均面积最大的是广州市从化区 246.88km^2,平均面积最小的是广州市越秀区为 1.83km^2,前者是后者的 134.91 倍;平均人口规模最大的是佛山市南海区 37.70 万人,平均人口规模最小的是肇庆市鼎湖区 2.42 万人,前者是后者的 15.58 倍。

2. **基本特征**

第一,珠江三角洲地区乡级政区规模总体较大。珠江三角洲地区乡级政区平均面积为 92.81km^2,高于长江三角洲地区乡级政区平均面积 69.79km^2 及京津冀地区乡级政区平均面积 76.55km^2,分别是长江三角洲地区平均值的 1.33 倍、京津冀地区平均值的 1.21 倍;珠江三角洲地区乡级政区平均常住人口为 9.69 万人,也高于长三角乡级政区平均人口规模 6.99 万人和京津冀乡级政区平均人口规模 3.94 万人。

第二,乡级政区规模相差悬殊。珠江三角洲地区,如广州市从化区良口镇政区面积为 530.6km^2,而广州市越秀区北京街政区面积仅有 1.27km^2,前者是后者的 417 倍。

3. **形成原因**

第一,镇、街设置标准不同。广东省民政厅曾下发了《广东省设立街道办事处标准(试行)》,明确规定特大城市中心区常住人口4.5万以上、非农业人口占90%以上可设街道,而小城市中心区常住人口2.5万人以上、非农业人口75%以上即可设街道,造成镇、街规模差异较大。同样是建制镇,其规模差异也有的非常大,例如广州市花都区狮岭镇、增城区新塘镇常住人口在30万人左右,而花都区梯面镇常住人口仅为0.9万人,相差30倍以上。

第二,乡镇合并扩大了政区规模。2002年,广东省建制镇数量多、规模小,在一定程度上存在基础设施和公共服务设施的重复建设,并且乡镇内设机构多,不利于发挥规模集聚效应。2002年,广东省委、省政府联合发文《关于调整我省乡镇行政区划的通知》,要求撤并15%的乡镇,其中广州、珠海、江门等调整幅度较大。并且提出了撤并的原则,分别为:一般乡镇向县城或中心镇合并,经济实力弱的向经济实力强的乡镇合并,小的乡镇向大的乡镇合并,新的乡镇向老的乡镇合并,并且明确在珠江三角洲地区乡镇撤并的标准是面积为45km^2、人口4万以下。在这一标准指导下,整个珠江三角洲地区乡镇,从1999年底的178个街道、493个镇、3乡,总计674个,调整到目前的267个街道、321个镇、2个乡,总计为590个,整体减少幅度为12.46%,总体上使乡(镇、街)的平均面积有所增加。

第三,街道合并也扩大了政区规模。如越秀区涉及合并8条街道在合并前的平均面积仅为0.7平方千米,其中面积最小的诗书街辖区面积仅0.4平方千米,合并后平均面积达到1.7平方千米,平均人口超过10万,具体如表9所示。

表9 越秀区街道合并基本情况

合并前街道	合并后街道	政区面积(km^2)	常住人口(万人)
原东风街道、原六榕街道	六榕街道	2.04	10.12
原诗书街道,原大新街道大德路以北的庆福里、象牙北、魁巷3个社区,原光塔街道	光塔街道	1.07	10.58
原大新街道的石将军、大德中、大新中、南华园、玉带濠、三府前、和宁里、大新西、状元坊、一德西等11个社区,原人民街道	人民街道	1.51	10.45
原广卫街道、原北京街道	北京街道	1.27	9.06

第四，超大型镇（街）拆分也影响乡级政区规模。如新塘地区的拆分案例。2004 年由原新塘镇、永和镇、仙村镇、沙埔镇、宁西镇 5 个镇合并为新塘镇（以下称为“大新塘”），面积达 280km²，人口超过 20 万人。2012 年进行行政区划调整，将“五镇合一”的大新塘重新划分为新塘镇、仙村镇、永宁街，拆分后的新塘镇面积为 85.09km²，2011 年底的户籍人口为 12.8 万人；仙村镇辖区面积为 56.65km²，2011 年底的户籍人口为 4.56 万人；永宁街道辖区面积为 104.14km²，2011 年底户籍人口为 5.09 万人。

此外，广州市白云区、花都区也对镇街进行调整，将部分较大的街道进行拆分，优化镇街辖区规模。佛山市撤销南海区罗村街道，并入南海区狮山镇，使狮山镇政区总面积达 330.6 平方千米，管辖 27 个社区居委会和 42 个村委会。

（四）村（居）规模的概况

根据统计，珠江三角洲地区 9 个地级市共有社区居委会 4067 个，村委会 5440 个，村（居）平均面积为 5.76km²，平均人口为 0.60 万人。

从珠江三角洲地区 9 个地级市来看，村（居）平均面积最大的是肇庆 9.63 平方千米，平均面积最小的是深圳为 2.52km²，前者是后者的 3.82 倍；平均人口规模最大的是东莞 1.39 万人，平均人口规模最小的是肇庆 0.26 万人，前者是后者的 5.35 倍，具体如表 10 所示。

从珠江三角洲地区 45 个县（市、区）来看，乡（镇、街）平均面积最大的是广宁县 13.81km²，平均面积最小的是广州市越秀区为 0.12km²，前者是后者的 115.08 倍；平均人口规模最大的是深圳市宝安区 1.74 万人，平均人口规模最小的是龙门县 0.18 万人，前者是后者的 9.67 倍。

表 10　珠江三角洲地区地级市村（居）基本情况

地级市	村（居）数量（个）	总面积（km²）	平均面积（km²）	常住人口（万人）	平均人口（万人）
广州	2675	7248.86	2.71	1292.68	0.48
深圳	792	1996.78	2.52	1062.89	1.34
珠海	317	1724.32	5.44	159.03	0.50
佛山	738	3797.73	5.15	729.57	0.99
东莞	597	2460.01	4.12	831.66	1.39
中山	276	1783.67	6.46	317.39	1.15

续表

地级市	村(居)数量(个)	总面积(km^2)	平均面积(km^2)	常住人口(万人)	平均人口(万人)
江门	1316	9505.42	7.22	449.76	0.34
惠州	1249	11346.14	9.08	470.00	0.38
肇庆	1547	14891.23	9.63	402.21	0.26

资料来源:根据相关地市统计年鉴整理所得。

从表10中可以看出,整体上村(居)人口规模较高的有中山、江门、惠州、肇庆,相对偏低的有广州、深圳、珠海、佛山、东莞。并且呈现平原地区平均规模小,丘陵山区的村(居)平均规模较大的趋势。

三、珠江三角洲大都市区行政区管理幅度研究

(一)地级政区管理幅度的概况、特征及成因

1. 基本概况

目前,珠江三角洲地区9个地级市所辖下一级政区包括两种类型,一种是"市—县(市、区)—乡(镇、街)"的三层级式,另一种是"市—镇(街)"的两层级式,其各自管理幅度的基本情况如表11所示。

表11 珠江三角洲地区地级市管理幅度概况

管理幅度层次	地级市	数量(个)	所占比例(%)
<5	珠海	1	11.11
5~10	深圳、佛山、江门、惠州、肇庆	5	55.56
10~20	广州	1	11.11
>20	东莞、中山	2	22.22

各地级市由于辖区人口、辖区面积和管理层次不同,管理幅度差异较大,总体上来说,管理层次越少、辖区人口越多、辖区面积越大,管理幅度越大。截至目前,珠江三角洲地区各地级市政区管理幅度较大的有东莞(32)、中山(24),管理幅度较小的有珠海(3)。

2. 基本特征

第一,管理层次少的地级市管理幅度较大。地级以下实行两级管理的东莞、中山,虽然辖区面积不大,分别只有2460km^2和1784km^2,但其管理幅度明显大于

其他地级市。

第二，常住人口较多的地级市管理幅度较大。如广州（1292.68 万人）、东莞（831.66 万人）等管理幅度也较大。

第三，经济规模较大的地级市管理幅度较大。如广州（2014 年 GDP 为 16706.87 亿元）、东莞（2014 年 GDP 为 5490.02 亿元）、中山（2014 年 GDP 为 2638.93 亿元），而珠海（2014 年 GDP 为 1662.38 亿元）明显偏后。此外，深圳除了市辖 6 区基础上，还设立了光明新区、龙华新区、坪山新区、大鹏新区 4 个新区，属于类行政区，并且已经表现出明显的“行政区化”特征。

3. 形成原因

形成各地级市管理幅度特征的原因也与设市模式有密切关系，主要包括：

第一，传统大城市管理幅度趋向稳定。如广州属于广东省会，也是我国华南地区门户城市，历史上形成的大城市，进行分区管理，20 世纪 90 年代后所辖县（市、区）数量变化不大，基本处于稳定状态。

第二，切块设市使地级政区管理幅度降低。如惠州地区在 1970 年由惠阳专区改为地区后，曾管辖惠州市（县级）及惠阳、博罗、龙门、河源、连平、和平、龙川、紫金、惠东、宝安、东莞、增城 12 个县，管理幅度为 12，随着 1979 年撤销宝安县改称深圳市（广东省直辖）、1988 年又划分为东莞（原东莞县）、河源（原河源县、龙川县、紫金县、连平县、和平县）、惠州（原惠阳县、博罗县、龙门县）、汕尾（原海丰县、陆丰县）4 个地级市，佛山地区在 1970 年时也曾管辖南海、顺德、三水、高鹤、台山、恩平、番禺、中山、珠海、新会、开平、斗门 12 个县和佛山、江门两个县级市，随着市领导县体制推行，中山、珠海、江门等地级市相继成立，整体上使管理幅度减小。具体见表 12。

表 12　广州市区（县、县级市）行政区划沿革情况

时期	县（市、区）名称	个数
解放初期	城区 20 个（包括逢源、黄沙、西禅、长寿、沙面、陈塘、太平、惠福、靖海、小北、德宣、西山、东堤、汉民、前鉴、大东、东山、洪德、蒙圣、海幢）、水上区 1 个（珠江区）、郊区 7 个（包括南岸、沙河、芳村、石牌、新洲、沥滘、三元里）	28
1950 年	城区 8 个（包括长寿、河南、惠福、永汉、太平、越秀、大东、荔湾）、水上区 1 个（珠江区）、郊区 7 个（包括南岸、沙河、芳村、石牌、新洲、沥滘、三元里）	16
1951 年	城区 8 个（包括长寿、河南、惠福、永汉、太平、越秀、大东、荔湾）、水上区 1 个（珠江区）、郊区 4 个（包括白云、芳村、西村、新滘）	13

续表

时期	县(市、区)名称	个数
1952 年	城区 5 个(包括东区、中区、西区、北区、河南区)、水上区 1 个(珠江区)、郊区 4 个(包括白云、芳村、西村、新滘)	10
1953 年	城区 5 个(包括东区、中区、西区、北区、河南区)、水上区 1 个(珠江区)、郊区 4 个(包括白云、芳村、黄埔、新滘)	10
1956 年	城区 5 个(包括东区、中区、西区、北区、河南区)、水上区 1 个(珠江区)、郊区 2 个(包括郊区、芳村)	8
1958 年	城区 5 个(包括东区、中区、西区、北区、河南区)、近郊区、广北县	7
1959 年	城区 5 个(包括东区、中区、西区、北区、河南区)、郊区	6
1960 年	城区 4 个(包括越秀区、东山区、海珠区、荔湾区)、郊区 3 个(包括黄埔区、芳村区、江村区)、花县、从化县	9
1961 年	城区 4 个(包括越秀区、东山区、海珠区、荔湾区)、郊区 3 个(包括黄埔区、芳村区、江村区)、花县、从化县、佛冈县	10
1962 年	城区 4 个(包括越秀区、东山区、海珠区、荔湾区)、郊区 1 个(郊区)、花县、从化县、佛冈县	8
1963 年	城区 4 个(包括越秀区、东山区、海珠区、荔湾区)、郊区 1 个(郊区)、花县、从化县	7
1973 年	城区 4 个(包括越秀区、东山区、海珠区、荔湾区)、郊区 1 个(郊区)、黄埔区、花县、从化县	8
1975 年	城区 4 个(包括越秀区、东山区、海珠区、荔湾区)、郊区 1 个(郊区)、黄埔区、花县、从化县、番禺县、增城县、龙门县、新丰县	13
1983 年	城区 4 个(包括越秀区、东山区、海珠区、荔湾区)、郊区 1 个(郊区)、黄埔区、花县、从化县、番禺县、增城县、龙门县、新丰县、清远县、佛冈县	14
1985 年	城区 4 个(包括越秀区、东山区、海珠区、荔湾区)、郊区 1 个(郊区)、黄埔区、天河区、芳村区、花县、从化县、番禺县、增城县、龙门县、新丰县、清远县、佛冈县	16
1987 年	越秀区、东山区、海珠区、荔湾区、白云区、黄埔区、天河区、芳村区、花县、从化县、番禺县、增城县、龙门县、新丰县、清远县、佛冈县	16
1988 年	越秀区、东山区、海珠区、荔湾区、白云区、黄埔区、天河区、芳村区、花县、从化县、番禺县、增城县	12
1992 年	越秀区、东山区、海珠区、荔湾区、白云区、黄埔区、天河区、芳村区、花县、从化县、番禺市、增城县	12
1993 年	越秀区、东山区、海珠区、荔湾区、白云区、黄埔区、天河区、芳村区、花都市、从化县、番禺市、增城市	12
1994 年	越秀区、东山区、海珠区、荔湾区、白云区、黄埔区、天河区、芳村区、花都市、从化市、番禺市、增城市	12

续表

时期	县(市、区)名称	个数
2000 年	越秀区、东山区、海珠区、荔湾区、白云区、黄埔区、天河区、芳村区、花都区、从化市、番禺区、增城市	12
2005 年	越秀区、海珠区、荔湾区、白云区、黄埔区、天河区、南沙区、萝岗区、花都区、从化市、番禺区、增城市	12
2015 年	越秀区、海珠区、荔湾区、白云区、黄埔区、天河区、南沙区、花都区、从化区、番禺区、增城区	11

资料来源:广州市志(自然地理卷)。

第三,县级市直接升格为不设区的地级市,增加了管理幅度。如东莞、中山由县级市直接升格为地级市,但未设市辖区,导致管理幅度明显偏大。

(二)县级政区管理幅度的概况、特征及成因

1. **基本概况**

截至目前,珠江三角洲地区 45 个县(市、区)共管辖 534 个乡(镇、街),平均管理幅度为 11.87。其中,管理幅度超过平均值的县(市、区)有 21 个,所占比例为 46.67%,管理幅度低于平均值的县(市、区)有 24 个,所占比例为 53.33%,具体见表 13。

表 13　珠江三角洲地区县(市、区)管理幅度概况

管理幅度层次	县(市、区)名称	数量(个)	所占比例(%)
<5	盐田、金湾、禅城、高明	4	8.89
5~10	南沙、从化、福田、南山、斗门、南海、三水、蓬江、江海、端州、鼎湖、惠阳	12	26.67
10~15	花都、增城、罗湖、宝安、龙岗、香洲、顺德、新会、鹤山、恩平、四会、德庆、惠城、惠东、龙门	15	33.33
15~20	越秀、海珠、黄埔、番禺、台山、开平、高要、广宁、怀集、封开、博罗	11	24.44
>20	荔湾、天河、白云	3	6.67

由表 13 可以看出,各县(市、区)由于辖区人口、辖区面积和管理层次不同,管理幅度差异较大,总体上来说,管理层次越少、辖区人口越多、辖区面积越大,管理幅度越大。截至目前,珠江三角洲地区 45 个县(市、区)管理幅度可以划为 5 个等级:

一是管理幅度超过20的较大型县(市、区),如有荔湾(22)、天河(21)、白云(22);

二是管理幅度在15~20的偏大型县(市、区),如,越秀(18)、番禺(16)、台山(17)等;

三是管理幅度在10~15的中等型县(市、区),如增城(11)、宝安(14)、鹤山(11)等;

四是管理幅度在5~10的偏小型县(市、区),如南沙(9)、从化(8)、福田(8)、惠阳(9)等;

五是管理幅度小于5的较小型县(市、区),如盐田(4)、金湾(4)、禅城(4)、高明(4)。

2. **基本特征**

第一,大城市中心区管理幅度较大,外围新城区管理幅度较小。如广州市荔湾区、天河区、白云区都属于中心城区范围,其管理幅度位居珠江三角洲地区45个县(市、区)的前三位,广州市越秀区和海珠区的管理幅度也达到18,亦属于较高范围,而同样隶属于广州的从化区、南沙区以及佛山的高明区管理幅度则相对较小。

第二,人口规模较大的县(市、区)管理幅度较大。如广州市海珠区、番禺区、白云区、越秀区、天河区以及博罗县等常住人口均超过100万,其管理幅度都较大。

第三,面积较大的县(市、区)管理幅度也较大。如肇庆市高要区(2071km^2)、怀集县(3573km^2)、封开县(2723 km^2),其管理幅度分别为17、19和17。

3. **形成原因**

目前,珠江三角洲地区乡级政区以镇街为主,仅有2个民族自治乡,其余全为建制镇和街道办事处,形成县(市、区)管理幅度特征的原因有:

第一,1954年12月31日公布实施的《中华人民共和国城市街道办事处组织条例》(2009年第十一届全国人大常委会决定废止)曾明确规定,十万人口以上的市辖区和不设区的市应当设立街道办事处,十万人口以下五万人口以上的市辖区和不设区的市,如果工作需要也可以设立街道办事处,使各大中城市市辖区及符合条件的不设区市可按规定设立街道办事处。

第二，镇街区划调整一定程度上也改变了管理幅度。如广州市越秀区在2013年将其中规模较小的8个街道合并为4个街道，使管理幅度从原来的22减小为18，白云区也将规模较大的街道进行拆分，新设4个街道，使管理幅度从18增加为22，佛山市南海区则由2002年的6个街道、12个镇，在2005年调整为2个街道、6个镇，2013年又进一步将罗村街道并入狮山镇，使管理幅度从2002年的18降低为目前的7，减少幅度达61.11%。

（三）乡级政区管理幅度的概况、特征及成因

1. 基本概况

截至目前，珠江三角洲地区9个地级市的590个乡（镇、街），共管辖社区居委会、村民委员会9507个，平均乡（镇、街）管理幅度为16.11。其中，以45个县（市、区）为空间单元，乡（镇、街）平均管理幅度超过总平均值的有18个，所占比例为40.00%，管理幅度低于平均值的县（市、区）有27个，所占比例为60.00%，具体如表14所示。此外，东莞的镇（街）平均管理幅度为18.66，高于珠江三角洲地区乡（镇、街）整体的平均管理幅度，而中山的镇（街）平均管理幅度为11.50，低于珠江三角洲地区乡（镇、街）整体的平均管理幅度。

表14 珠江三角洲地区分县（市、区）乡镇平均管理幅度概况

管理幅度层次	县（市、区）名称	数量（个）	所占比例（%）
<10	荔湾、天河、黄埔、盐田	4	8.89
10~20	越秀、海珠、白云、番禺、南沙、福田、罗湖、南山、宝安、龙岗、香洲、金湾、三水、高明、蓬江、江海、台山、开平、鹤山、恩平、端州、鼎湖、四会、广宁、怀集、封开、德庆、惠城、惠阳、龙门	31	68.89
20~30	花都、顺德、新会、高要、博罗、惠东	6	13.33
>30	从化、增城、禅城、南海	4	8.89

由表14可以看出，珠江三角洲地区45个县（市、区）乡（镇、街）平均管理幅度可以划为4个等级：

一是乡（镇、街）平均管理幅度超过30的较大型县（市、区），这类县（市、区）中既有大城市中心区，如佛山市禅城区（35.75），也有特大城市外围的市辖区，如广州市从化区（33.38）和增城区（30.64），还有经济发达的县级市改为的市辖区，如佛山市南海区（35.71）。

二是乡（镇、街）平均管理幅度在20~30的偏大型县（市、区），这类县（市、区）的共同特征是都不是大中城市的中心区，有的是县，如博罗（21.47）、惠东（20.21）两县，有的是县级市改为的市辖区，如广州市花都区（23.80）、佛山市顺德区（20.30）、江门市新会区（20.36）以及肇庆市高要区（20.71）等。

三是乡（镇、街）平均管理幅度在10~20的中等型县（市、区），这类县（市、区）中，有的是特大城市中心区，如广州市越秀区（14.83）、海珠区（14.28）以及深圳市福田区（14.25）、罗湖区（11.5）、南山区（13.13），有的是城市外围的市辖区，如广州市南沙区（17.33）、白云区（16.86），深圳市宝安区（19.00），肇庆市鼎湖区（11.57）等，还有的是县或县级市，如台山市（18.41）、开平市（17.8）、广宁县（10.47）、怀集县（16.95）等。

四是乡（镇、街）平均管理幅度低于10的偏小型县（市、区），这类县（市、区）的共同特征是都属大中城市的中心区，如广州市荔湾区（8.86）、天河区（9.76）、黄埔区（7.87）以及深圳市盐田区（5.50）。

2. **基本特征**

从整体上来看，珠江三角洲地区45个县（市、区）乡（镇、街）平均管理幅度的特征有：

第一，从总体结构来看，多数县（市、区）的乡（镇、街）平均管理幅度在10~20，总计为31个，占45个县（市、区）的近七成，而乡（镇、街）平均管理幅度超过30和低于10的县（市、区）均分别为4个，总体结构呈“中间大、两头小”的菱形结构。

第二，从类型结构来看，平均管理幅度大小顺序依次为“县>县级市>市辖区”。45个县（市、区）中县、市（县级）、区三类政区的乡（镇、街）平均管理幅度分别为16.12、15.51和14.21。

第三，从空间结构来看，各区域的乡（镇、街）平均管理幅度大小顺序依次为“珠江口东岸>珠江口北端>珠江口西岸”。珠江口的东岸11个县（市、区）及东莞的乡（镇、街）平均管理幅度为16.70，珠江口西岸10个县（市、区）及中山的乡（镇、街）平均管理幅度为15.15，珠江口北端24个县（市、区）乡（镇、街）平均管理幅度为16.21。

3. **形成原因**

形成珠江三角洲地区45个县(市、区)乡(镇、街)平均管理幅度特征的原因有:

第一,村制整体相对稳定。珠江三角洲地区仍存在数量较多的农村,是构成镇(街)所辖村(居)的重要组成部分,如佛山市南海区狮山镇在2013年行政区划调整后共有27个社区居委会和42个村委会,村仍占有村(居)总数的60.87%,又如广州市增城区新塘镇在2012年行政区划调整后共辖14个社区居委会和32个村委会,村也占有村(居)总数的69.57%。

第二,城市社区居委会已经成型。根据广东省人民政府办公厅在2002年2月颁发的《广东省城市基层管理体制改革工作实施方案》(粤府办〔2002〕14号)提出的"调整居委会设置,合理划分社区",并明确"按照自然道路、河流、街区巷道形成的地块来规划社区"的原则,使珠江三角洲地区城市社区格局及数量基本确定。

表15 2000年后广州部分年份村(居)数量变化情况

年份	2001	2003	2005	2007	2009	2011	2013
村委会	1262	1177	1160	1146	1142	1142	1142
居委会	1918	1576	1432	1457	1474	1500	1533
总数	3180	2753	2592	2603	2616	2642	2675

数据来源:广州统计年鉴(2002—2014)。

第三,"村改居"对乡(镇、街)管理幅度的影响不大。《广东省城市基层管理体制改革工作实施方案》(粤府办〔2002〕14号)全面开启了珠江三角洲地区"村改居"进程,但其中明确"村民委员会改为社区居委会时,一般以原村委会管辖范围设立一个城市社区",因此,"村改居"未从根本上影响乡(镇、街)的管理幅度,如东莞从2002年10月开始推行"村改居"试点工作,首先在东城街道进行尝试,之后又在中心城区的莞城、南城、万江3个街道展开,从2004年5月起又在8个中心镇全面铺开"村改居"工作,至目前为止已有超过40%的村完成了"村改居"。

表16 2000年后东莞部分年份村(居)数量变化情况

年份	2001	2003	2005	2007	2009	2011	2013
村委会	546	487	404	386	383	350	350

续表

年份	2001	2003	2005	2007	2009	2011	2013
居委会	132	129	192	205	215	244	247
总数	678	616	596	591	598	594	597

数据来源：东莞统计年鉴(2014)。

第四，乡(镇、街)区划调整带来管理幅度的变化。从整体来说，珠江三角洲地区乡(镇、街)数量由1999年底的673个减少为2013年底的590个，使乡(镇、街)的管理幅度有所扩大。

表17　2000年后珠江三角洲地区乡(镇、街)数量变化

年份	1999	2001	2003	2005	2007	2009	2011	2013
街道	178	192	226	259	260	263	268	268
镇	493	468	405	325	322	325	322	320
乡	2	2	2	2	2	2	2	2
总数	673	662	633	586	584	590	592	590

数据来源：广东统计年鉴(2002—2014)。

四、珠江三角洲大都市区行政区规模与管理幅度改革的基本思路与政策建议

(一)基本思路

“减少层次”，即将现行的地级、县级、乡级及非正式的副省级、介于镇(街)与村(居)之间的管理区共五个层次精简为地、县、乡三级，适度扩大各级政区的管理幅度，改尖塔形管理结构为扁平形管理结构，为简政放权创造条件。

“重划市域”，即适度扩大规模较小的管理幅度，提高其管理效率，将规模过大的地级市适度划小，增强广东省政府的权威性和统筹协调能力，从制度上保证珠江三角洲地区整体可持续发展。

“扩并县乡”，即适度合并县、乡两级政区，扩大其规模，减少县乡两级政区数量，精简机构，提高效率，降低基层行政管理成本，切实减轻基层群众负担。

“重构社区”，即以城市社区居民委员会、农村村民委员会为基础，通过合并、重组形成新型城乡社区，并从管理体制上解决“城中村”“城边村”问题。

“分等管理”，即对同级政区按照一定的标准实行动态分等，分类指导、因地

制宜，将竞争机制引入行政管理体制。

“区域协调”，即借鉴西方国家构建大都市区政府或大都市区政府理事会等先进经验和做法，创建跨行政区协调合作机制。

(二)相关的政策与建议

1. 地级政区重划

根据常住人口、辖区面积、经济发展状况、自然地形、历史传统、地域文化，将珠江三角洲地区内的9个地级市市域范围进行重新划定，具体包括以下几个方面：

第一，扩大推进“省直管县”范围，适度降低部分地级市的管理幅度。目前，广东省已经推行试点佛山市顺德区和广宁县为省直管县试点县(区)，建议进一步扩大省直管县范围，尤其是经济发展水平相对较低的地级市所管辖的县(市、区)，从具体行政事务方面减小部分地级市管辖范围，缩小其管理幅度。

第二，适当合并规模较小的地级市，适度提高其管理幅度。中国社会出版社社长浦善新曾将行政区划体系纵向结构分为尖形形态和扁形形态两种基本类型，并结合实际情况将这两种基本形态进行组合，总结出了上尖下扁形、上扁下尖形、上尖中扁下尖形、上扁中尖下扁形等不同类型，而整个珠江三角洲地区，按照正式地级、县级、乡级三个层次划分，共包括9个地级市、45个县(市、区)、590个乡(镇、街)，并且管理层次不同，若将不设区的东莞、中山纳入整体计算，则“市∶县(市、区)∶乡(镇、街)”比为“1∶5∶66”，整体上呈现为“上尖下扁形”结构，并且地级市的管理幅度仅为5，整体上管理幅度相对偏小。从政区规模来讲，珠江三角洲地区尚存在部分地级市政区面积、人口规模均较小，分别低于珠江三角洲地区地级市相应平均值的1/3，建议对此类地级市进行科学论证后予以撤销，并入周边地级市范围。

第三，科学拆分规模较大的地级市，合理降低其管理幅度。国务院曾在1996年批准将荆州市管辖的京山县和代管的钟祥市分别划归荆门市管辖和代管，为地级市分拆、重组提供案例借鉴。目前，珠江三角洲地区尚存在辖区面积较大(超过相应平均值的2倍)、管理幅度偏高、经济发展水平相对较低的地级市，建议对此类地级市进行充分论证后予以合理拆分。

2. 县级政区重组

第一，合并规模较小的县(市、区)，适度提高其管理幅度。按珠江三角洲地区45县(市、区)50477km^2、常住人口4566.14万人进行计算,县(市、区)平均人口与面积的乘积约为110000万人・平方千米,建议将常住人口与面积的乘积小于平均值1/10(即11000)且面积不超过1000km^{2}的,或面积低于100km^{2}且人口少于50万的县(市、区)进行合并整合,但海岛等独立地理单元或具有特殊政治、军事意义的除外。

第二,拆分规模较大的县(市、区),适度降低管理幅度。同上,建议将常住人口与面积的乘积大于平均值3倍(即330000)且面积超过1000 km^{2}的,或面积低于1000 km^2,但人口超过200万的县(市、区)进行合理拆分。

3. 乡级政区整合

第一,继续推进辖区、人口规模较小的乡(镇、街)合并。这种模式主要针对辖区规模较小、人口规模较少、经济水平相对较低的镇,可集聚发展资源,节约行政资源成本,采取模式包括强弱合并、弱弱合并、强强合并等,降低行政成本。建议拟合并的小城镇的参考标准为辖区面积50km^{2}以内、常住人口5万以下、经济水平相对较低(一般GDP低于30亿元)。

第二,合理拆分辖区、人口规模过大的乡(镇、街)。针对乡级政区域范围内存在双中心、多中心等空间格局的乡(镇、街),人口规模较大、经济实力强、辖区规模大,难以实现社会管理的镇进行科学评估、充分论证后可进行拆分。拆分模式可以采取"镇+镇",也可以根据城镇化发展水平采取"镇+街"的模式,建议拟拆分小城镇的参考标准为辖区面积超过200km^2、人口规模超过20万、GDP超过100亿元。

(作者单位:同济大学建筑与城市规划学院)

智能化在地名标志中的应用与升级

乔晓冬　魏育成　王琛茜

地名标志作为地名公共服务工程的重要组成部分,在为人民群众提供出行便利,展示我国优秀地名文化等方面有着不可替代的作用。“智慧城市”的建设激活了城市基础设施更为广阔的服务空间,地名标志也面临着智能化升级的迫切需求。在第二次地名普查工作的基础上,充分发挥地名所标牌管理、检测的职能特点,结合科研院所核心芯片研制技术能力,搭建以智能化地名标志为载体的公共服务体系框架,不断探索包括顶层框架、标准规范、编码管理、服务体系到应用示范的完整闭环。实现以技术创新推动体制机制创新,进一步转变政府职能,提高地名工作的公共服务能力,更好地为我国经济社会发展和构建社会主义和谐社会提供支撑。

一、初步搭建智能地名标志公共服务网络框架

目前,中国科学院电子学研究所在智能地名标志服务于社会方面设计了“六个一”的公共服务框架:一是构建一个地名公共服务网络顶层框架。本着“统筹发展、顶层设计”的建设思路,充分结合国家城镇化发展和社会经济发展的客观规律,顺应信息化背景下社会大众对地名服务的迫切需求,形成以“云—网—端”为整体构架的地名地址公众服务体系。以第二次地名普查数据资源为基础,结合核心芯片技术研发,形成“云端管理,网络互联,终端交互”的服务模式,为建设智能化地名导向和公共信息服务体系提供有力的理论指导和顶层框架。二是制定一套智能地名标志服务规范体系。伴随着信息技术的发展,新一代智能地名标志在提供导向和信息承载服务的基础上亟须先进技术手段的支撑,在其服务和管理的各个环节对各类规范提出新的要求。本着“标准先行”的原则,制定包

含设备规范、通信链路、服务模式、运营方法等方面的智能地名标志服务规范体系，探索地名标志运营新模式，支撑和引领地名地址领域的应用创新和产业发展。三是形成一套智能导向标志统一编码管理体系。针对全国数量庞大的智能导向标志管理问题，遵循智能地名标志服务规范体系，以核心编码芯片、固件等方式统一全国智能地名标志的编码管理流程，保障智能地名标志的授权认证、生产安置、检测管理的规范性与系统性。以标准规范为指导、以管理体系为准绳，实现路牌、门牌、界碑等地名标志的统一化编码与智能化管理，保障全国标准地名标志的全生命周期过程实现"有码可循、有章可依、有迹可查"，解决地名标志管理乱象等问题。四是铺设一张城市基础设施物联感知网络。以第二次地名普查数据为基础，以智能导向标志为载体铺设基础设施物联感知网络，形成地名标志与城市信息的交流感知，提升基础设施的智能化水平，实现城市运行管理的精准化、协同化、一体化。智能地名标志一方面提供包括对设施信息、环境信息以及人的行为数据的采集，配合可扩展感应模块与多形态智能终端提供设施管理、社会救助等服务；另一方面借助智能化的人机交互，提供基于拓扑网络和区域位置的导向与信息承载服务。借助广泛铺设于城市的智能地名导向设施，为解决城市管理问题提供新思路、新对策。五是拓展一批地名普查成果民生服务应用。以"信息惠民"为宗旨，充分发挥普查成果在国民经济和社会发展中的积极作用，在社会公益、城市管理、现代物流、文化传播等方面推广地名普查成果的转化利用。在社会公益领域，依靠"近场感应 + 精准推送"，打造基于物联网的"安珀警报"，发起社会力量救助丢失儿童；在城市管理领域，以便捷的地址关联推动社会管理现代化，以广泛的物联感应推动城市管理敏捷化；在现代物流领域，结合标准地名地址信息，提高物流服务的规范化；在文化建设领域，以基于地域特征的信息传播手段，深化地名文化保护，扩大社会影响，推动文化传承。六是形成一类地名普查成果转化应用示范。依托第二次地名普查数据，结合大数据、云计算、物联网等高新技术，推动新一代地名标志在智慧导向、信息承载、位置服务、公益救助等方面的应用，积极推进地名导向公共服务体系在示范区域落地。通过打造"智能路牌网络示范工程""防走失科技关爱计划""城市慢行系统服务工程""多终端社会应急救助计划"等示范工程，构建地名管理信息化、智能化、智慧化的新格局，形成创新型地名地址成果转化应用示范。

二、充分发挥地名标志公共服务网络特色效益

智能化地名导向公共服务体系立足于第二次地名普查成果转化，以信息技术带动传统基础设施服务升级，通过“数—芯—云—网—端”的方式逐步释放辐射效应，以政府统筹、社会参与、多元互动的创新运营模式，最大限度地发挥普查成果的社会效益和经济效益，充分发挥普查成果在国民经济和社会发展中的积极作用。一是形成良好的社会效益。以标准地名标志为载体，有利于规范地名管理，治理地名乱象，为城镇化发展营造良好的地名环境；建设智能地名导向终端网络，发挥基础设施的区域位置优势，创新地名文化宣传方式，有利于更好地传承和弘扬优秀地名文化，进一步提升国家文化软实力；借助智能标志物联感知与终端交互特点，拓宽地名地址在社会公益、社会治理、应急救助等领域的应用范围，对于提升社会治理水平，服务经济发展，构建和谐社会具有重要意义。二是形成巨大的经济效益。构建智能地名导向公共服务体系，充分发挥地名信息的市场化应用价值。一方面，发掘标准地名的商业宣传潜力，充分利用地名标志的信息传播作用，有利于扩大地名信息资源与其他社会服务领域的有效耦合，在交通、商业、旅游、物流等行业产生巨大的经济价值；另一方面，借助实时高效的智能地名标志管理，可有效节约政府治理成本，提升政府治理效率，创新城市管理模式。

三、扎实推进地名标志公共服务网络建设

一是进一步优化顶层设计，制定标准规范。地名公共服务网络是一项系统性工程，其覆盖面广泛、涉及单位众多，在建设工作中需注重顶层规划设计能力，积极引导相关单位参与到各领域和环节的研究工作，并鼓励支持相关单位牵头，研究和制定国家、行业及地方标准规范，切实保障地名公共服务网络的标准化、规范化和统一化，加强区域地名公共服务网络的互联性，避免重复建设和无效投资。

二是加强组织引导，抓好试点示范。智能导向标志作为一项新型的地名公共服务载体，其从出现到广泛推广应用需要一定的周期，积极促成智能导向标志相关引导政策和措施的形成，并以“先行先试”思路在区域城市开展试点示范应

用，有效探索新型地名公共服务载体的应用模式，并逐步完善相应的管理制度和政策，为大范围推广应用提供良好的环境和氛围。

三是健全合作方式，优化产业环境。地名公共服务作为一项公益性基础设施服务，其公益性较强，且各类创新性应用服务，如防走失科技关爱、物联网安珀警报等均具有很强的公益性。下阶段工作将积极推进与国家部门、企业等多种合作方式，统筹各类公益基金，持续加大资金扶持力度，以国家公益配套的方式，有效带动新型智能导向标志等新型公共服务载体的产业市场，不断优化地名公共服务载体产业环境。

四是积极探索市场机制，创新投资模式。地名公共服务网络作为一项基础设施工程，其覆盖区域广、部署数据多，构建全国地名公共服务网络需要巨大的资金投入。积极响应国家 PPP 创新投资模式，以公益资金扶持为依托，稳步探索市场机制，以“公益补贴 + 市场运营”的方式引导区域地名公共服务建设工作，充分发挥政府的社会效益和企业的市场效益。

（作者单位：中国科学院电子学研究所）

地名普查成果数据脱密技术处理与研究

李　俊

随着社会和经济的不断发展，与地理信息相关的数据已经在日常生活方面和普通大众联系得越来越紧密，地图和地理信息服务等测绘成果被大众广泛熟知和应用，同时，随之而来的测绘数据、地理数据安全性问题得到越来越多的关注。基础测绘数据和地理数据通常在保密的情况下，不能直接对社会需求实现共享与应用。如何既有效地满足社会对于测绘数据和地理数据的需求，又保证国家保密数据的安全性，是当今地理信息共享应用和服务大众面临的问题之一。地理数据的脱密处理可以分别从地理要素属性、地理空间坐标和地理空间精度三方面出发，使保密的测绘数据和地理数据进行数据脱密，从而可以很好地解决测绘数据和地理数据的保密性和共享性问题。

关于地理信息数据的使用和管理，国家有很多相关政策规定文件，具体包括：《国家秘密及其密级具体范围的规定》《测绘管理工作国家秘密范围的规定》《遥感影像公开使用管理规定（试行）》《基础测绘成果提供使用管理暂行办法》《国家基础地理信息数据使用许可管理规定》《中华人民共和国测绘成果管理条例》《公开地图内容表示若干规定》《基础地理信息公开表示内容的规定（试行）》《公开地图内容表示补充规定（试行）》《遥感影像公开使用管理规定（试行）》等若干和地理信息数据保密相关的行业规范。在依据上述规定的基础上，基于上述相关行业规范中涉及的涉密部分的内容，进行正确、合理的脱密处理。

目前常规的地理要素脱密从空间和属性两方面处理。主要对涉密的空间地物数据和属性数据直接删除，并对选取要素的空间位置使用专业脱密技术进行位移和空间位置精度随机干扰，使得脱密后的数据不易用一定的纠正方法恢复纠正,避免要素泄密。

目前我国正在开展第二次全国地名普查,其目的是查清地名基本情况,掌握地名基础数据,提高地名标准化水平,加强地名信息化服务建设,为社会提供全面准确的地名信息。地名普查的成果数据里面包含了大量涉密信息数据,里面的一些地物信息涉及国防与军事机密,具体包括地理要素属性、地理空间坐标和地理空间精度三方面。因此地名普查成果数据不能直接应用于地理信息公共服务建设领域,需要进行数据脱密处理,做到地理信息数据中的相关数据的保密,同时地理信息数据中的绝对定位精度也降低到军事保密的要求范围内,又能确保地理信息数据上的空间关系和相对精度不被破坏,以满足社会公共服务领域的建设需求。

地名普查成果数据是一种专题成果数据,有别于常规的基础地理信息数据,不仅仅是空间数据的脱密公开利用,而且还要对其文字属性数据进行脱密处理。其成果数据涉及行政区域,非行政区域,群众自治组织,居民点,交通运输设施,水利、电力、通信设施,纪念地、旅游景点,建筑物,单位,陆地水系,陆地地形 11 大类地名的名称、位置及相关属性信息,具有数据种类繁多、数据信息量大等特点。因此在数据脱密过程中需要按照相关国家地理信息数据保密规范和标准、地方标准及地方定制化需求,制定数据脱密规则,按规则条件对普查成果属性数据进行合理的筛选、剔除、替换等操作,对空间数据进行几何精度弱化、图形特征钝化(折线曲化),符合国家国防、军事保密以及地方特殊化要求。具体脱密方法如下:

一、属性数据脱密

主要运用技术手段对数据中的敏感词、涉密扩展属性、涉密类别、涉密公共属性等数据进行合理的筛选与剔除。

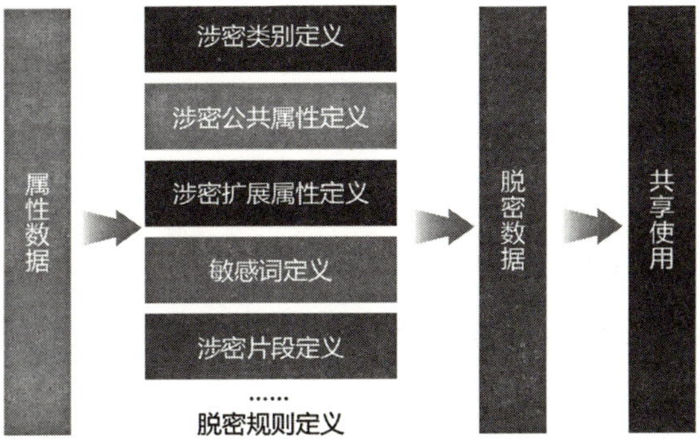

（一）脱密过程中应遵循的原则

1. 水系的天然水体和人工附属结构都是涉密的重要信息，因此应删除水库库容和大坝的高度、河宽、水深、流速、底质和岸质属性等。

2. 交通运输条件是涉密重要组成部分。陆地交通、水上交通、航空运输详细信息对其影响非常重要，应删除交通枢纽的地理位置、分布和特征，桥梁、隧道的位置、长度、宽度、高度、性质、载重量、运输能力、周围地形状况等不易表达的信息。

3. 在任何形态的地形中，起着基础和主导作用的地形要素是地貌。地形景观与特征、图幅的最高点、主要山峰等制高点的地理位置及高程、冲沟比高、陡崖比高等影响较大的地貌信息应删除。

4. 居民地是重要的地物要素，从涉密角度看，保密单位的地理位置、分布特征、编制及部署均应进行保密处理，按不依比例尺的居民地符号式样表示或不表示。

5. 对潜力目标进行定位和破坏，已成为现代战争的一个重要特点。总体而言，国防工程中的地理位置、分布特征等属性，均不得在公开地图产品上表示。如三角点、独立天文点不表示，发电厂按不依比例尺的居民地符号表示，油、气井、变电所、油库、煤气库、涉及国防工程和军事设施的山洞不表示，高压输电线、油气管道不表示等。具体包括以下几种场地：

（1）指挥机关、地面和地下的指挥工程、作战工程，军用机场、港口、码头，营区、训练场、试验场，军用洞库、仓库，军用通信、侦察、导航、观测台站和测量、导航、助航标志，军用道路、铁路专用线，军用通信；

（2）输电线路，军用输油、输水管道等直接服务于军事目的的各种军事设施；

（3）军事禁区、军事管理区及其内部的所有单位与设施；国防、军事设施，及军事单位；

（4）武器弹药、爆炸物品、剧毒物品、危险化学品、铀矿床和放射性物品的集中存放地等与公共安全相关的设施；

（5）专用铁路及站内火车线路、铁路编组站，专用公路；

（6）未公开的机场（含民用、军民合用机场）和机关、单位；公开机场的内部结构及运输能力属性；

(7)未经公开的港湾、港口、沿海潮浸地带的详细性质，火车站内站线的具体线路配置状况；

(8)航道水深、船闸尺度、水库库容、输电线路电压等精确数据，桥梁、渡口、隧道的结构形式和河底性质；

(9)大型水利设施(水库)、电力设施(水电站、电厂)、通信设施、石油和燃气设施、重要战略物资储备库、气象台站、降雨雷达站和水文观测站等涉及国家经济命脉，对人民生产、生活有重大影响的民用设施，如××通信基站、××发电厂、××石油化工厂、××燃气库、××储备库、××自来水厂、××热电厂等；

(10)监狱、劳动教养所、看守所、拘留所、强制隔离戒毒所、救助管理站和安康医院等与公共安全相关的单位；

(11)渡口的内部结构及属性；

(12)江河的通航能力、水深、流速、底质和岸质属性，水库的库容属性，拦水坝的构筑材料和高度属性，水源的性质属性，沼泽的水深和泥深属性；

(13)高压电线、通信线、管道的属性；

(14)未对外公开的党政机关；

(15)其他涉及国家秘密的内容。

(二)主要脱密手段

1. 涉密类别和涉密属性规则定义自动脱密

根据事先明确好的涉密的地名类别和属性，通过规则定义器，设定脱密规则，将涉密部分自动批量进行数据剔除和清空，只保留非涉密部分的地名类别和属性，从而得到需要的数据。

2. 精确匹配与模糊检索相结合

精确匹配与模糊检索相结合，提供了极大的灵活、快捷的操作。其中精确匹配技术是将敏感词库中的敏感词与涉密数据的属性信息进行精确匹配，从而准确检索出涉密数据中所包含的敏感词信息。精确匹配技术虽然可以准确查找出与敏感词库相互匹配的敏感信息，但在一定程度上将敏感信息的检索范围局限在敏感词库中，因此需要结合模糊检索技术提高敏感信息检索的灵活性。模糊检索技术是为用户提供敏感信息检索入口，用户只需输入相应的敏感词关键信息，即可为用户智能模糊匹配出相应的敏感信息。

3. **图属准确定位**

图属准确定位技术完善了属性脱密操作的安全性，提高了审核、复查等安全操作的效率。通过精确匹配与模糊检索技术获取敏感信息后，可以通过图属准确定位技术快速准确地定位敏感信息所对应的地图空间位置，查看图上空间信息，审核敏感信息是否应该进行属性脱密处理，以保证对涉密数据进行属性脱密处理时的安全性，避免误删、漏删、随即替换等不安全的操作。

4. **多敏感词的智能替换与删除**

多敏感词的智能替换与删除技术可以进一步提高脱密操作的效率。当确定敏感信息后，可以针对敏感信息进行多敏感词的智能替换与删除处理。只需通过简单的敏感词库对比，确定需要进行替换删除的敏感信息后，将进行智能统一的多敏感词的智能替换与删除操作，提高数据脱密的工作效率。

5. **规范易用的敏感词库**

敏感词库根据《公开地图内容表示补充规定（试行）》《基础地理信息公开表示内容的规定（试行）》等国家相关法律法规的要求进行敏感词的规范安全设计，如军用地物信息、未公开地物信息、与公共安全紧密相关的地物信息、对人民生产生活有重大影响的设施信息等都需要规范地设置敏感词，同时还需设计常见民用、公用地物信息作为替换用词，用以替换涉密的敏感词信息。

6. **人工检测校核**

通过上述几种脱密技术手段，已经可以将绝大多数的涉密信息进行脱密处理，但是在不同的区域内，有些涉密信息还需要通过涉密人员或者审校员人工进行校核和验证，确认每一个涉密信息点都已经被覆盖和处理；并且建立相应的校核验证机制，确保涉密信息无遗漏。每一个新增的人工检测的涉密信息点单例，都可以加入脱密规则库中，作为丰富脱密规则库的完备，以便于下次脱密的补充。

二、数据脱密

空间数据脱密主要是按照国家有关安全要求和技术指标规定，对空间位置精度进行脱密处理。

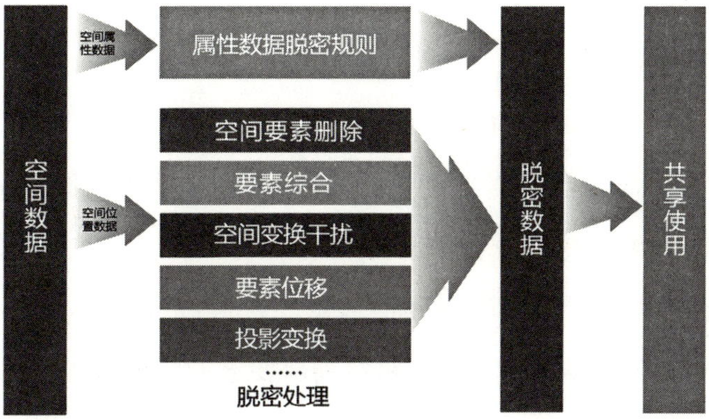

（一）具体需要遵循的原则

1. 位置精度不得高于50m，等高距不小于50m，对等高线进行重采样，数字高程模型格网间距不小于100m，在线发布的影像数据其分辨率不高于0.5m。

2. 对特征点进行处理，通过技术手段将特征点的几何精度弱化、图形特征钝化（折线曲化），从而降低特征点在数据几何纠正过程中的精准作用。

严格按照以上原则，降低地理空间信息在数据几何纠正过程中的精准作用，符合国家国防和军事保密的要求。

（二）具体的方法

1. 数学变换干扰法

数学变换过程应满足拓扑关系不变、地物间距离变化及变换过程不可逆。降低地理数据位置精度的同时，满足一定的应用。

（1）投影转换法：改变地理数据投影方式和坐标系统的方法，对数据进行重新投影，由于其过程是可逆的，为避免投影反推，不采用原图的投影方式和相应坐标系统，转换后的投影参数和经纬网在地图上不表示。

（2）图幅变换法：利用数学控制网法先进行仿射变换模型处理，将所有需脱密处理的数据拼接后生成TIC点，然后进行TIC点线性变化，该变化是随机进行的。该方法改变了地图的绝对坐标，是系统误差，使成图误差大于国家对公开版地图规定的100m要求。

（3）误差随机法：由图幅变换法产生的系统为系统误差，可被反向纠正过来。误差随机干扰法指对图内均匀选择的若干个点进行随机的误差干扰，将特征点偏移一定范围，移位的大小及方向以移位圆来控制。移位圆是以特征点为圆心，半径范围随机的圆形目标。半径大小根据特征点所在目标的属性等级调整。

2. **要素综合移位法**

虽然利用数学的方法进行脱密处理,但为了避免关键要素的泄密,符合《公开地图内容表示若干规定》,对空间数据有选择地使用,对不能表示的要素进行删减、综合、移位处理。通常采用单一节点移位,如果单一节点移位后引起图形规律的生硬变化,可进行联动圆内其他节点的移位或多个节点联动移位。相对于数学变化干扰法,要素综合移位法是对局部要素的脱密处理。

3. **特征点弱化法**

特征点的判定应依据几何形状、属性等级、分布。因此,对特征点的处理包括下面 3 个方面:

(1)几何精度的弱化。将特征点偏移一定范围,移位的大小及方向以移位圆来控制。移位圆是以特征点为圆心,半径范围随机的圆形目标。半径大小可根据特征点所在目标的属性等级调整。

(2)图形特征的钝化(折线曲化)。将折线段图形变成光滑曲线,图形特征从以夹角衡量转变成以曲率半径来衡量。钝化一般与移位结合使用,主要应用于拐弯处特征点的普化处理,该特征点一般先移位,然后再根据拐弯处图形特点进行钝化。

(3)空间关系的修补。空间关系的修补是修补特征点移位后与相邻目标原有的拓扑关系。单一特征点的移位必然会导致空间关系发生冲突。如:沿河流一侧通行的道路,在道路的特征点移位后,河流的相关特征也必须相应地移位,以免产生道路“过河”的错误。

4. **行政地理名称弱化法**

脱密处理要完全删除地图数据含有的人防要素及其他涉密信息外,还要对数据中的行政地理名称等文字注记进行脱密处理。

现在对地理信息数据的常规的脱密处理主要采用目前主流的 GIS 软件进行数据脱密处理,如 MapGIS、ArcGIS、SuperMap 等,可以实现属性数据的模糊查询、批量删除,同时也可以对空间数据进行精度偏移、特征钝化等操作,但是此类软件只能针对矢量数据进行处理,不支持 Word、Excel、TXT、PDF 等格式的数据脱密处理,更不支持地名普查成果包数据的脱密处理,而这些格式的数据如果通过人工方式处理,不仅效率低下,而且准确度差,容易造成漏选、错选、多选等现象。所以结合上述的方法和规则,研发一款能够满足脱密要求的专项软件,能够为地名普查成果开发利用提供极大的方便。

鉴于数据脱密处理是地名普查成果开发利用的先决条件,江苏省速度信息科技股份有限公司依据国家和地方的相关地名数据保密要求和标准研发了一款支持多种数据格式的地名信息数据脱密系统,该系统主要用于对地名数据中的属性数据和地图数据的脱密使用,通过制定规范化、标准化以及满足地方需求的定制化数据脱密的规则,对地名数据中涉密部分的属性数据进行筛选和剔除,空间数据进行弱化和钝化,得到可以公开使用或应用于公共服务的脱密数据。该系统可以精准有效地对一些涉密数据进行合理的处理,在对涉密数据进行剔除的过程中,可以有效地保障数据的完整性和逻辑性,同时也能够使得被剔除的涉密数据不会被轻易恢复,使地理要素数据的安全性和保密性得到有效保障。该系统的使用能够极大方便地名普查成果数据进行开发利用,也为进一步将地名普查成果数据服务于行业应用和公众服务提供技术保障。

(作者单位:江苏速度信息科技股份有限公司)

基于三维智慧城市的地名管理展示系统浅议

陈 杰

地名对老百姓日常生活极为重要，做好地名管理服务工作是一项极其重要的工作。目前第二次全国地名普查工作正在全国热烈开展实施中，其规模浩大，涉及多个政府部门，是一项极其复杂的系统性工程。本次普查对全国范围内十二大类地名进行全面覆盖，摸清地名现状，待普查全部结束后，将形成一套完整、有效的覆盖全国的地名数据库。

由于地名涉及地图相关的技术性问题，对其进行管理、展示需要借助信息化手段才能提高工作服务效率。目前国内对地名的管理主要有文件系统管理和基于二维地图的地名系统管理两种。文件管理系统是早期在技术条件有限的情况下，将纳入到政府管理命名的地名相关文件进行数据库、档案设计，通过系统能及时查询到各项地名文件的信息。基于二维地图的地名管理系统于近些年随着GIS技术的发展而开始陆续出现，其特点是利用二维地图，将所有地名进行平面展示，并链接其地名相关属性信息，通过点击就可以方便快捷地获取到地名相关信息，第二次全国地名普查建库及管理系统亦是如此。

基于二维地图的地名管理系统虽然相比较早期的文件管理系统有了很大的发展，但是二维地图是对地理实体进行了高度抽象化的展示。所有的道路都用线条来展示，所有的大楼大厦都用一个点或者一个方块来展示，难以直观看到此地名针对的具体地理实体情况。虽然可以通过附加照片、视频的属性方式用点击链接的方式进一步获取信息，操作上较为烦琐，且照片、视频角度不可变，其承载信息有限。

目前国内正在兴起并高速发展的三维智慧城市通过大比例地图、航空摄影、

图 1　基于文件的地名档案管理系统

图 2　基于二维地图的地名管理系统

三维建模等技术直接将一个地区范围内所有地物直观地展示起来，且可以任意漫游切换角度。在此技术上将地名管理系统进行升级，将数据库中的所有地名在三维智慧城市的模型中进行匹配，会带来实质性的提升效果。

首先，地名展示更为直观。三维智慧城市已经将城市中所有的地名物件全部用三维的方式进行了建模，且其数据基于大比例尺地图、航空影像等，在系统内看到的所有地名都是和现实生活中看到的一样，每条道路都是具体、真实的样子，甚至道路的斑马线、行车道、红绿灯等都一目了然。

其次，地名信息更为准确。地名的类别非常多，涉及的地名信息极为复杂，通过三维智慧城市系统，可以非常快速便捷地获取准确的地名信息。比如：道路的长度、宽度等基本信息通过系统距离测量功能很快就能准确量取；道路的行车道、绿化情况、道路沿边情况等也能通过系统非常直观地获取到。甚至建筑物的高度、楼层数、占地面积等数据都能方便快捷地测量出来结果，对于地名信息的管理效率提升有极大的帮助。

最后，地名更名、命名管理更有效。在地名命名管理中，经常需要到实地进

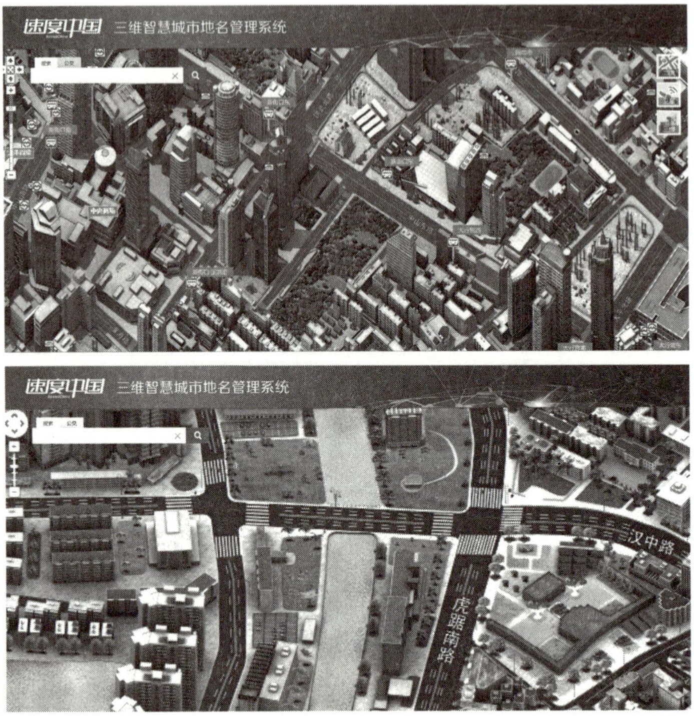

图3　基于三维智慧城市的地名管理系统

行调查勘测以确定地名命名相关信息,利用三维智慧城市系统,可以直接利用其精准的三维模型获取准确的现场信息,形成初步的地名命名方案,甚至可以直接模拟出地名命名后的各种效果图,用于地名的申报、审批、存档等工作,极大地提高了工作效率。

(作者单位:江苏速度信息科技股份有限公司)

浅谈“二普”成果如何转化为高价值社会服务

徐忠建

第二次全国地名普查(本文简称“二普”)是各级政府领导、各级民政部门牵头开展的一项公益性、基础性的国情调查工作,旨在查清全国地名及其相关属性信息,掌握地名基础数据,形成一套“图—录—表”逻辑一致的各级地名数据库成果(以下简称“二普”成果),为维护国家主权和领土完整、巩固国防建设、促进经济社会协调发展以及提高政府管理水平和公共服务能力奠定坚实地名信息化支撑。

国家重视“二普”成果的转化。国务院第二次全国地名普查领导小组办公室针对“二普”成果转化专门组织制定了《第二次全国地名普查成果转化规划(2015—2020年)》(以下简称转化规划)。转化规划提出“全面建立全国区划地名数据支撑体系、地名信息管理服务平台建成并发挥作用以及地名衍生产品体系不断丰富”三个目标,其中在“地名信息管理服务平台建成”目标中明确提出政务(覆盖全国的地名信息政务管理平台)和社会(地名信息社会服务平台)两个转化方向。

政务转化方向是各级民政地名信息化管理的刚需。长期以来,通过传统方式管理地名已然不适应当前经济社会发展的迫切需要。可以这样认为:政务转化方向具有行政体系内部的促进力量,各级民政部门肯定高度重视,甚至自主推进该方向的成果转化。但社会转化方向,虽然有转化规划引导,由于不是强制推进,各级民政部门看不到地名社会服务的真正价值所在,最后可能导致转化规划分量最重的一项目标受到“冷落”。分析“二普”成果的社会服务价值,厘清转化思路,找准关键发力点,对于当下“二普”成果转化具有重要意义。

一、"二普"成果具有极高的社会服务价值

转化规划明确提出要"建设地名信息社会服务平台，创新应用电子地图、遥感影像、三维仿真等技术手段，拓展利用云平台、大数据、物联网等技术方式，向社会提供权威、及时、准确的地名信息服务。鼓励社会力量基于地名信息社会服务平台，开发面向行业的应用服务产品"。转化规划文本中"权威、及时、准确"三个特性就是"二普"成果最重要的社会服务价值。

（一）"二普"成果的"权威"价值

当前国内以提供地名位置服务为核心业务产生的高德地图、百度地图等商业地图平台在地理信息产业中占有重要地位。除商业地图平台外，各级测绘行政主管部门还主持开发了"天地图"平台，内置了测绘领域长期积累的来源于基础地理信息的地名查询服务。无论是商业平台还是"天地图"平台，都无法声明地名的权威。只有经有关行政管理部门审核并公开的信息才具有权威。例如身份数据，公安部门权威；土地管理数据，国土部门权威；农业承包经营权数据，农业部门权威。地名数据，当然民政部门权威。

商业地图平台提供的地名，来源基本有两个：一是采集车到现场采集的数据；二是购买测绘部门提供的基础地理信息数据。"天地图"平台提供的地名，来源为测绘部门自身的基础地理信息数据。上述平台提供的地名数据虽然"面世"很久，但实际都未经民政部门审核。"二普"成果是必须经过各级民政部门把关审核、最终验收的，一经有关程序公开后本身就具有了行政权威特性。因此"二普"成果在地名权威性方面高于任何商业地图平台和"天地图"等其他政府部门开发的地图平台，具有非常高的权威价值。

（二）"二普"成果的"及时"价值

目前，各商业地图平台和"天地图"无法做到及时更新，一般定期开展数据更新。定期的间隔不一，重点区域可以做到一周更新，但全国大部分区域仅做到以"月"为尺度的更新。"二普"结束后，民政部门可以做到地名及时更新，甚至瞬时更新。"二普"最核心的目标是推动地名管理规范化。有了"二普"成果作为家底，民政部门面对地名命名或更名等方面的申请，可以在地名信息政务管理平台上"一键"审批。一旦审批结束，该地名就将立即公布。一经公布，该地名就具

有了行政权威。如果抛却地名命名或更名的审核流程不谈，地名更新完全可以做到瞬时。“二普”成果在地名更新及时性方面高于任何商业地图平台和“天地图”等其他政府部门开发的地图平台，具有非常高的及时性价值。

（三）“二普”成果的“准确”价值

准确性是地理信息最为重要的特性。不可否认，商业地图平台和“天地图”等其他政府部门开发的地图平台提供的地名服务准确性也不低，但是与经过多重“把关考试”的“二普”成果尚有较大差距。“二普”成果的验收首先是行政行为，出于行政管理需要，行政行为的验收流程要求成果必须完全正确，理论上一个瑕疵都不能有，准确性不言而喻。“二普”成果在地名准确性方面高于任何商业地图平台和“天地图”等其他政府部门开发的地图平台，具有非常高的准确性价值。

二、“二普”成果转化为高价值社会服务的思路

根据前述分析，“二普”成果具有较高的社会服务价值毋庸置疑。“二普”结束之后，实际上各级民政部门手上都握有了一个“宝贝”。这个“宝贝”若用来服务政府和军事部门，助力城市规划、国防建设，各级民政部门必须全力不计报酬配合；若用来提供给类似测绘行政主管部门开发的“天地图”等具有政府背景并免费供公众使用的地图平台，助力政府基本信息公开，各级民政部门也应积极不计报酬配合；但若用来提供给商业平台盈利使用，各级民政部门不应将地名数据库这一政府资源随便免费，而理应针对“二普”成果的高价值提供一定商业增值服务。提供增值服务，也有文件支持。2015 年 8 月 31 日国务院印发指导性文件《促进大数据发展行动纲要》提及要“开展出行信息服务、交通诱导等增值服务”，实质上出行信息服务和交通诱导服务的核心就是“权威、及时、准确”的地名服务。问题的关键是，如何设计服务思路，既能满足政府部门、军事部门便捷免费使用，又能合理服务商业地图平台，实现政府资源的高效增值？

江苏速度信息科技有限公司（速度中国）在“二普”成果转化实践中，对上述问题进行了积极探索，在相关市县进行了积极尝试，在此基础上总结了一套切实可行的思路。该思路主要有以下步骤（如图 1 所示）。

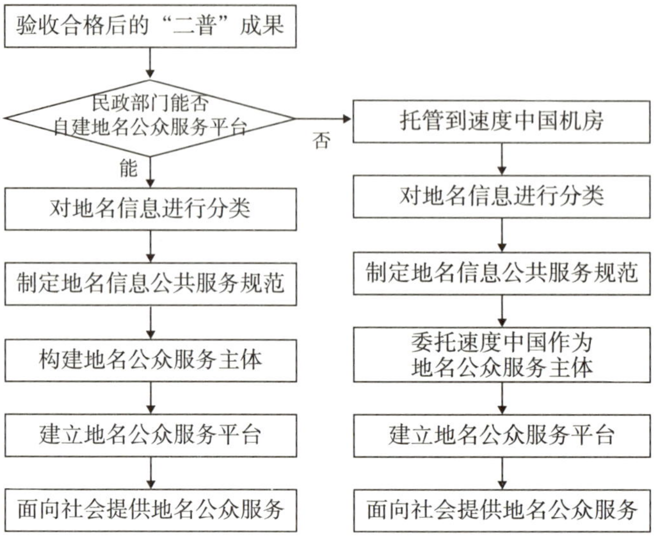

图1　速度中国总结的“二普”成果转化思路

“二普”成果验收后，帮助民政部门分析是否具备条件自建地名公众服务平台。具体条件包括：现有软硬件情况、机房环境情况、人才情况等。对自建地名公众服务平台给出具体预算，民政部门结合预算情况，考虑自身具体需要，作出能否自建地名公众服务平台的判断。

（一）若民政部门判断能够自建地名公众服务平台

1. 首先需要对地名信息进行分类，分类的原则是差异化提供地名信息公众服务，例如公众查询服务仅能获取地名标准名称及脱密空间位置、商业平台旅游引导推介服务则可获取地名历史沿革等具体信息等。

2. 制定地名信息公共服务规范。规范的主体主要是如何获取地名信息公众服务接口，获取接口需要的具体手续等，方便有关平台参照规范提交申请材料。

3. 构建地名公众服务主体。既然提供商业平台需要增值，就必须有地名公众服务主体。当前，民政部门作为行政机关，无法直接收取服务费用，可考虑成立或者利用现有企事业单位为主体，在行政机关指导下全权负责地名公众服务。

4. 建立地名公众服务平台。调研平台具体需求，以 WebGIS 技术为核心，建立功能完备、拓展性强的互联网服务型平台。

5. 面向社会提供地名公众服务。向社会发布地名命名和更名行政审批流程，地名命名或更名审批结束后，通过技术手段及时分类转移到地名公众服务平台，向社会提供服务。

（二）若民政部门无法自建地名公众服务平台

前面分析过，地名信息政务管理平台是刚需。民政部门建立这样一套刚需平台，需投入相当大的经费。若再建立公众服务平台，考虑到两套平台按照国家有关保密要求，无法在同一设备中运行，又需几乎相同规模软硬件购买及平台开发经费投入。这对经济欠发达地区，是一笔不小的财政支出。若实在无法建设公众服务平台，则可考虑将平台托管到速度中国机房，仅需平台开发费用即可。将来，民政部门可以委托速度中国作为地名公众服务主体，相关的增值所得，速度中国与民政部门签订分配协议。分配时，速度中国可将增值所得转化为继续服务。例如每年地名公众服务增值100万元，速度中国不必将100万元增值所得返回给民政部门，而是转化为帮助民政部门继续开展地名领域或者其他领域的信息化建设，民政部门不再需要投入。

三、“二普”成果转化为高价值社会服务的关键

速度中国在具体实践中总结的“二普”成果转化为高价值社会服务的思路，有几个关键点。只有在关键点处发力，民政部门才可以既完成政务方向转化，又完成社会方向转化。

提高认识。民政部门一定要认识到转化规划提出的社会方向转化目标。这一目标，符合国务院推行的政府数据公开、促进数据产业发展的总体要求，各级民政部门应认识到“二普”成果的高社会价值，找准适合自身的服务思路。

构建或选择地名公众服务主体。构建地名主体方面，各级民政部门应该积极协调或者报告政府予以协调编制等部门，建立机构、明确人员，也可灵活使用已有事业机构或者编制；选择地名公众服务主体方面，涉及委托事项、增值收益分配事项等复杂事宜，建议各级民政部门积极作为，选择实力雄厚的服务主体。

（作者单位：江苏速度信息科技股份有限公司）

地名普查成果转化研究和建议

朱必亮

一、地名普查概述

地名是人类对地理环境中具有特定位置、范围及形态特征的地方所共同约定的语言代号，是最常用的社会公共信息之一，是现代社会进行各种联系、交流必不可少的基本工具和纽带。地名是重要的基础地理信息和社会公众信息，与人们日常生产生活息息相关，在国家和社会治理、经济发展、文明建设、国防外交等方面广泛发挥着重要作用。随着我国经济社会的快速发展，城镇化的迅速推进，使用地名频率越来越高，对快速获取和传递地名信息的要求越来越高，对地名标准化、地名标准业务规范、地名公共服务、地名文化宣传等数字地名、智慧地名的需要越来越广泛和迫切。

1979 年至 1986 年，我国开展了第一次全国地名普查，获得了丰富的地名资料。2009 年 10 月 10 日，国务院办公厅下发了《关于开展第二次全国地名普查试点的通知》，决定开展第二次地名普查试点工作，至 2012 年，在第二次全国地名普查试点领导小组领导下，在有关部门大力支持下，完成了沿边沿海县（市、区）的地名普查任务。

2014 年 1 月 23 日，国务院办公厅下发了《国务院关于开展第二次全国地名普查的通知》（国发〔2014〕3 号），定于 2014 年 7 月至 2018 年 6 月开展第二次全国地名普查。成立全国地名普查领导小组，下达了普查任务，按照“统一领导、分工协作、分级负责、共同参与”的组织实施原则，明确各部门职责分工，全面开展第二次全国地名普查工作。

二、地名普查成果转化的规划和背景

2015年4月10日，国务院第二次全国地名普查领导小组办公室印发《第二次全国地名普查成果转化规划（2015—2020年）》（以下简称《规划》）的通知，通知中着重强调了第二次全国地名普查成果转化应从开展普查成果转化关键环节入手，围绕事关地名发展基础性、战略性、全局性、长远性需求，推进五个方面的工作：地名基础研究、地名图书编纂、地名文化保护、地名信息化建设和地名公共服务，并对这五个方面进行详细的阐述；针对这五个方面的具体任务，同时给出了规划实施的四个方面，即加强组织领导、发挥人才优势、保障经费投入和强化监督管理。

相关部门在全面掌握《规划》基本内容基础上，要切实将思想和行动统一到《规划》要求上来。

1. 围绕《规划》目标，找准成果转化方向，在规范地名管理、拓展地名服务、加强地名文化保护上下功夫；

2. 明确“多出成果、快出成果和出好成果”这一主线，抓住成果转化的核心；

3. 深化成果转化认识，处理好成果转化与普查过程、民政主导和社会参与、整体推进和突出重点、数据保密与公开应用之间的关系；

4. 从关键环节入手，推进地名信息化建设、地名基础研究、地名图书编纂、地名文化保护和地名公共服务五项重点工作。

三、地名普查成果转化的框架介绍和分析

第二次全国地名普查的成果信息是成果转化的基础，基于普查的成果数据进行应用，普查的成果数据不仅是对地名位置和属性信息的采集和定位，更主要侧重在对地名的挖掘，而成果转化的几个方面对应着对挖掘的地名进行理论总结、文化保护、宣传和应用。以下从成果转化的五个方面逐一进行分析介绍：

1. 地名基础研究

地名的基础研究主要是利用地名普查的成果推动地名理论研究和应用实践，完善地名管理相关法规，制定地名相关工作的国家行业标准和地方标准。

（1）地名专业著作。组织和引导院校、科研院所、企事业单位围绕地名标准

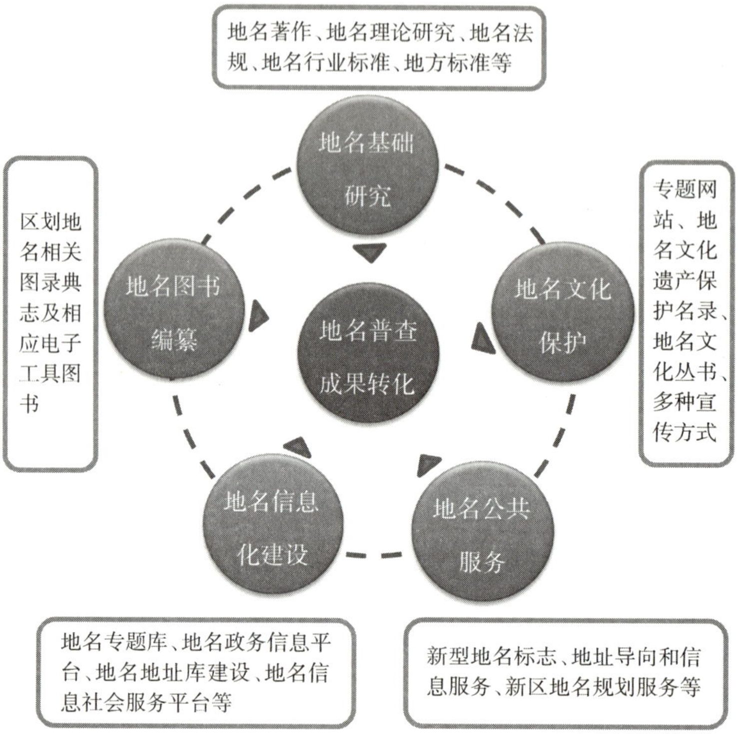

化、地名信息化、地名管理、地名规划、地名文化等领域开展研究，形成一批有深度、有影响，能够带动地名学创新发展的专业论著。诸如地名学概论、地名调查学概论、地名管理学等。

（2）完善地名法规。根据国家、地方相关地名管理规定，结合当地的地名管理、地名申报、地名命名、地名标准化等各项工作，对当地的地名法规进行制定和完善，补充部分地区的地名法规的空缺或遗漏，修正法规并与实际的工作紧密结合。

（3）制定行业标准和地方标准。积极推动完善地名标准体系，充分利用地名用字读音审定、跨界自然地理实体命名更名审定工作成果，以审音定字、信息服务、地名标志、地名文化遗产保护等领域为重点，制定地名专用字、地名异读音、地名信息服务、新型地名标志、地名文化遗产认定与保护等一批国家、行业标准，鼓励各地从本地实际出发制定居民小区、建筑物、城市道路、乡村道路命名地方标准。形成以国家标准、行业标准为主体，地方标准为补充，结构合理、重点突出、适应社会发展要求的现代地名标准体系。

2. **地名图书编纂**

地名图书编纂是指常规意义认为的“图录典志”，即依托第二次全国地名普查的过程和成果资料按照分类、分级、分批的原则，编纂出版一批标准地名图（集）、标准地名录、标准地名词典和标准地名志等权威地名工具图书，充分满足社会对地名信息的需求。

“图录典志”主要指行政区划图及图集、标准地名图、地名专题图、特色地名文化图、各类地名图集、地名影像地图、地名录、地名志、地名词典、地名典故、地名大全等。其中地名相关图与图集分为公开发行和内部使用两种，公开发行是需要得到测绘行政主管部门的审图编号才能发行。

3. **地名文化保护**

地名文化保护是采用多种手段，挖掘地名普查成果，促进地名优秀文化的传承、保护和弘扬。主要包括以下几个方面：

（1）开通地名文化专题网站，用于地名文化的宣传；

（2）编制地名文化遗产保护名录，用于地名文化遗产的保护和宣传；

（3）利用碑、牌、展示厅、博物馆等多种方式宣传地名文化；

（4）拍摄专题地名影视作品、编制地名文化系列丛书，包括地名文化故事、地名文化图集、地名文化丛书；结合动漫、游戏等手段进行地名文化宣传；

（5）依托报刊、广播、电视等传统媒体和网络、手机、数字电视等新媒体，策划举办地名文化主题展览、地名文化微电影、地名知识竞赛、地名摄影比赛等一系列宣传活动，不断扩大地名文化影响力。

4. **地名信息化建设**

地名信息化建设是以地名普查成果数据为基础，形成区划地名数据支撑体系，推动地名地址库、建立地名信息政务管理平台、建立区划地名数据的更新长效机制和地名信息共享机制、建立地名信息社会服务平台；分别从数据集成、数据更新、数据共享、信息管理和信息服务五个方面进行地名信息化的建设。

地名地址库建设，是数据集成，以地名普查成果数据为基础，集成公安、房产、住建、国土等单位的地名地址数据，形成一个庞大的地名地址数据仓库，并建立数据共享更新以及信息服务的桥梁。

地名信息政务管理平台，是信息管理，实现地名命名、更名等申报审批政务的全流程网络化管理。

区划地名数据的更新和共享机制，是数据更新和数据共享，是地名普查工作由阶段性工作转变成常规性工作的重要手段，通过信息化管理工作将地名数据维护更新纳入常规工作，再通过数据共享发布，实现地名与其他民政业务、其他政府部门、军队的数据共享互通。

地名信息社会服务平台，是信息服务，应用电子地图、遥感影像、三维仿真等技术手段，拓展利用云平台、大数据、物联网等技术方式，向社会提供权威、及时、准确的地名信息服务。鼓励社会力量基于地名信息社会服务平台，开发面向行业的应用服务产品。

5. **地名公共服务**

地名公共服务是以区划地名数据库为基础，进一步进行深化。应用电子信息新技术开发具有电子定位和物联网功能的新型地名标志，探索新的地名标志运营模式，为社会提供更加准确、便捷的地名导向和信息服务。指导各地结合普查成果和城市发展规划，编制城市和建制镇地名规划，尤其是新区地名规划，推动有条件的地方编制乡村地名规划。鼓励地名主管部门会同行业主管部门依据国家地名法规编制机场、港口、车站、海域等行业地名规划。

四、成果转化开展部分工作建议和策略

针对上述对第二次全国地名普查成果转化的任务分析，成果转化的任务工作量巨大，并且涉及诸多方面的内容和考虑，可将各项任务进行细化和分解，能够与实际的工作和各地的实际情况相结合，研究制定本地区成果转化规划，因地制宜地提出符合本地实际的政策措施。具体建议如下：

1. 开展地名成果数据脱密工作，因地名成果数据含有较多的涉密属性部分，需要根据国家的相关规定，对涉密部分进行脱密处理，脱密后的数据才能够被使用于成果转化的工作中，所以普查成果转化的首先工作是对成果数据的脱密。

2. 结合当地的地名专家，利用当地或周边相应的高校资源，部分地区充分发挥地名协会的影响力，从而进行地名著作、地名书籍的编纂工作和审核工作。这些均是在当地地名、地名理论方面有着深刻的了解和独到的优势，是地名挖掘不可或缺的力量，也是将地名研究进行深入的关键。

3. 采用经验丰富的技术服务单位，进行地名地址库的建设，同时利用建库的机会，建立与公安、国土、房产等单位的信息共享和交换机制，在国家相关规范和标准的基础上建立当地的地名标准规范和地址标准规范，实现将地名标准化和地址标准化。

4. 充分利用互联网技术将地名文化遗产进行大力宣传，可以建设区划地名文化网站、地名文化宣传和地名查询的公共触摸屏、建设地名微信系统、地名APP系统、地名二维码系统等，让地名文化深入至每个民众的终端，让周围无时无刻不存在的地名随时随地都能够被了解和查询。

5. 采用顶层设计、分步实施的策略进行地名信息化建设，从本地的实际需要开展工作；从地名信息服务上建设地名查询系统、地名公共服务平台、三维地图仿真地名系统，将地名信息实时应用于公众服务；从地名信息管理上建设区划地名管理系统、地名信息政务审批系统、道路门牌管理系统、地名档案管理系统等，将地名整体业务进行串联；并将相关系统与地名地址库进行平台集成或数据源集成，逐步打造地名领域的一体化信息服务平台，使得普查建库系统、地名业务平台、地名服务平台在数据层、服务层、平台层实现同步和共享。

6. 利用互联网技术、物联网技术、北斗导航定位技术、新型工业材料技术，探索和制作新型地名标志和运营模式，结合二维码手段，让地名标志能够自己说话，而不仅仅是一个指示作用；让每一个地名标志能够阐述该地名的意义、文化、故事等，并作为城市的另一道亮丽的风景线。

除此之外的成果转化其他工作，需要根据各地的实际需要和资金预算，进行合理、逐步按部就班开展，这里不再赘述。

五、成果转化产品部分实例介绍

第二次全国地名普查成果转化的工作和产品细分有很多种，具体如下表所示：

工作任务	任务细分	产品举例
地名基础研究	地名研究和理论书籍	地名学概论、实用地名学、地名管理学概论
	地名管理法规	××市地名管理条例
	地名相关国家标准	GB17733－2008 地名标志
	地名相关行业标准	ML/T 033－2012 地名文化遗产鉴定

续表

工作任务	任务细分	产品举例
地名图书编纂	图	××区行政区划图
	录	××县地名录
	典	××县地名词典
	志	××县地名志
地名文化保护	地名文化专题网站	××县区划地名文化网站
	地名文化保护书籍	××县地名文化遗产保护名录
	多种手段宣传	地名文化宣传片——千年古县、千年古镇
		地名保护石刻、地名碑
	新媒体地名文化宣传	地名触摸屏系统
		地名微信系统
		地名 APP 系统
		地名微电影、地名文化展览、地名知识竞赛
地名信息化建设	地名地址库建设	××县地名地址库系统
	地名信息政务管理平台	地名档案管理系统
		区划地名管理系统
		地名审批管理系统
		……
	地名信息管理更新与共享	地名成果脱密系统
		智慧社区管理系统
		地名标志管理系统
		界线界桩管理系统
		道路门牌管理系统
		……
	地名信息社会服务	地名公共查询系统
		地名公共服务平台
		地名二维码信息系统
		……
地名公共服务	地名公共服务深化	地名二维码信息发布
		智能地名标志管理系统
		城市和建制镇地名规划

该表部分领域存在着交叉部分，如地名信息化建设与地名公共服务之间存在的信息化应用于地名公共服务方面，而地名信息政务管理和地名信息管理更新与共享在地名信息管理和发布可采用统一系统进行建设。

针对上述的一些第二次全国地名普查成果转化的产品进行简单的介绍和实例：

1. 行政区划图/城区图

行政区划图是按首都、直辖市、省、自治区、特别行政区等各级行政机构划分的地图，是为最常见的地图品种。

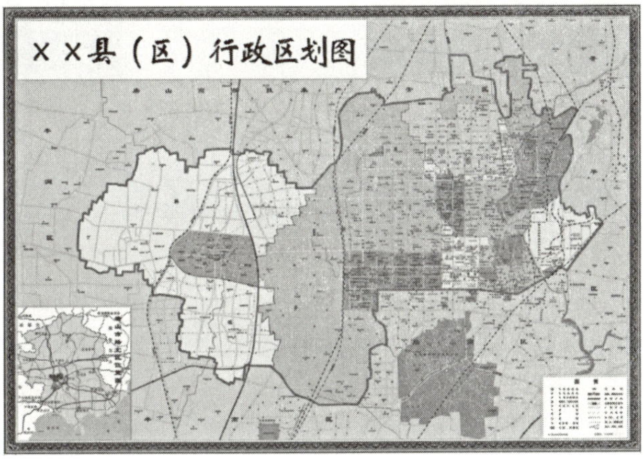

2. 地名志、地名录、《县地名大全》

地名志和地名录是一个地方（一般是以县级行政区域为单位）以地名普查资料为基础征集出版的地名资料书。县级以上出版发行的地名志和地名录，具有法定的性质，是加强地方地名管理和标准使用地名的重要依据。

地名志和地名录的内容主要包括地方综述、政区地名、政区沿革、地名［乡（镇）、村］的由来、隶属关系变迁、名胜古迹、人工建筑、地理实体、地名艺文、附录、附图、地名索引等篇章。

3. 老地名保护石刻

城市中一些现存老地名，就像一枚枚活化石，是历史的见证。为老地名立碑，加强地名文化资源保护，树立地名精品理念，体现厚重的城市文化内涵。

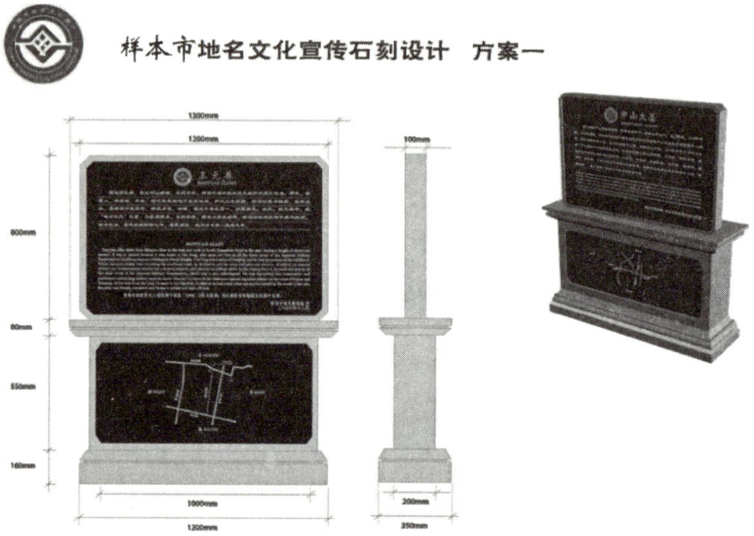

4. 石碑

石碑，又名地名碑，对历史悠久的古镇地名进行立碑宣传。

5. 区划地名文化网站系统

区划地名文化网站系统是以第二次全国地名普查的成果数据为基础，通过互联网技术手段，将区划地名领域中的业务工作、地名文化、地名故事、地名杂谈、普查工作等，以门户性网站为基础做网络多元化展现，成为中国地名文化及区划地名资源最有影响的网站。

6. 地名普查成果查询系统

地名普查成果查询系统是将第二次地名普查的地名信息成果通过平台进行有选择性地发布，运用多种多样的载体形式，承载地名信息并呈现给民众进行查询和查阅，可以进行地名查询、定位、查阅。

7. 地名地址库建设

地名地址数据库建设是以民政、公安、住建、房产、国土等各个信息源进行数据集成、数据融合，建立统一的地名地址管理系统。建立地名地址信息服务平台，并可以给电力、水利、燃气、自来水、广电、物流等各行各业提供地名地址信息服务；并可以进行其他行业的信息再融合；建立地名地址数据标准和规范。

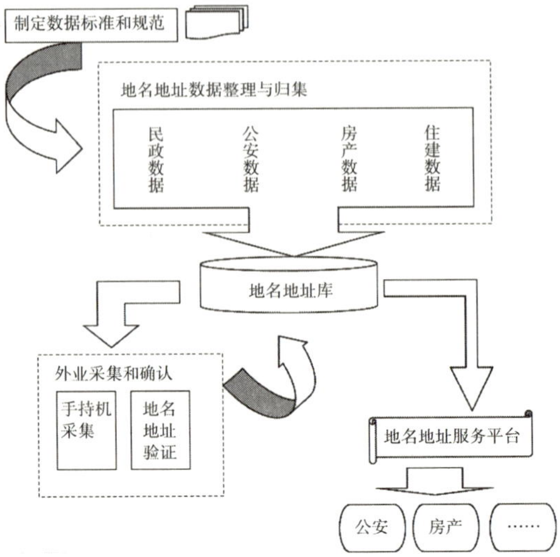

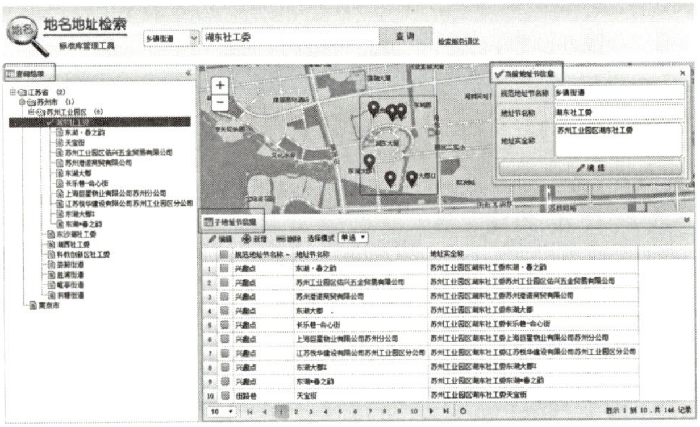

8. **地名 APP**

地名 APP 系统是以地名信息和地名成果为信息基础，建立一套主要为地名查询服务的 APP 应用，包括当前地理位置服务、地名信息查看、附近的地名、地名历史追溯、地方地名志信息查看、地名文化故事、地方地名图解等。

9. **地名标志智能管理系统**

地名标志智能管理系统，专门从地名标志的层面并结合二维码对地名标志和其相应的地名的信息进行维护管理、地理分布、查询统计，专注于地名标志的基本信息、物理材料属性、设立公司信息等。

六、小结

第二次全国地名普查成果转化工作的实施是一项复杂而艰巨的系统工程，涉及领域广，工作任务重，业务要求高，所以要实现和完成此项目标，需要详细解读《规划》中的各项要求和任务，坚持指导思想，遵守基本原则，明确总体目标，严格按照《规划》中的实施方法和步骤，从领导、人才、经费和监督四个方面，因地制宜地、详细地制订切实可行的成果转化规划方案，及做好工作实施计划，才能很好地做好成果转化的各项工作，构建好各地独特的第二次全国地名普查成果转化体系，也为区划地名进一步深化研究和工作奠定坚实的基础。

（作者单位：江苏速度信息科技股份有限公司）

速度杯·“大美中国”地名故事征文

发现“中国”,理解“大美”

胡阿祥

人有姓名,国有国号。我们国家的神圣国号是“中华人民共和国”,而“中华人民共和国”的正式简称是“中国”。如此,若从地名的角度立论,“中国”可谓我们国家涵盖全域的、最大也最重要的一条地名。下面,我们就说说发现“中国”的故事,聊聊理解“中国”的途径……

一、“中国”的发现

先说“中国”的发现,那可是充满传奇色彩的惊世大发现,也是因为这个惊世大发现,我们知道了“中国”出现的时间,距今已经超过3000年了。

先是,1963年8月,一个雨后的上午,在陕西省宝鸡县贾村,因为饥荒从宁夏固原回到老家宝鸡的村民陈堆,在租住的东隔壁陈乖善家的后院,看见院子后面雨后坍塌的土崖上闪着亮光,好奇之中,就拿了块木板当梯子,和妻子张桂芳一起爬到亮光处,用手和小镢头刨,结果就刨出了个铜器。第二年,陈堆夫妇返回张桂芳的老家固原,临走时将铜器交给哥哥陈湖保管。1965年,因为生活困难,陈湖背着铜器到宝鸡市,把铜器卖给了废品收购站,用换得的30元钱买了一斗高粱。

也是在1965年,宝鸡市博物馆干部佟太放在市区的玉泉废品收购站,看到了这件铜器,感觉应该比较珍贵,便向馆长吴增昆汇报。吴增昆随即让保管部主任王永光前往查看,王永光也断定这是一件珍贵文物,便以收购站当初购入的价格30元,将这件铜器买回博物馆。经过考古人员确认,这是一尊西周早期的青铜酒器,高约39厘米,口径28.6厘米,重约14.6千克。

到了1975年,国家文物局调集全国新出土的文物精品出国展览,这件失而复得的铜器,因为造型凝重雄奇、纹饰精美、严谨而被选中,送到了北京。当时负责展览筹备工作的上海博物馆著名青铜器专家马承源先生在清除这件铜尊的蚀锈时,在其内胆的底部,发现了一篇计12行、122字的铭文,内容涉及周初的两件大事,即武王灭商与武王、成王相继营造雒邑。因为作器的贵族名何,马承源先生就把这件铜器命名为"何尊",并赞誉何尊为"镇国之宝"。

何尊

为什么说何尊为"镇国之宝"呢？最为关键的一点是,在这件制作于周成王五年(前1038年)的何尊的铭文中,首次出现了"中国"一词,相关的一段铭文是这样的:

> 惟王初迁宅于成周……武王既克大邑商,则廷告于天曰:"余其宅兹中或,自之乂民。"

这段铭文的意思是:成王开始在成周营造都城。先是武王在消灭"大邑商"也就是灭了商朝以后,告祭于天说:"我将居住在这个中国,就以中国这个地方为中心,治理天下四方的人民。"于是我们知道了,周武王灭商以后,也就是公元前1046年到公元前1043年武王在位期间,已经出现了"中国",换言之,"中国"这个地名已经存在了将近3000年了。

当我们面对外国人的时候,"中国人"就是我们全体中国人最响亮的姓名,而因为何尊,我们才知道了"中国"确见于3000多年前的周朝初年。说到这里,我们真的非常感谢 1963 年 8 月的那场雨，使得何尊重现于世；真的非常感恩村民陈堆的初次发现、文博干部佟太放的再次发现、青铜大家马承源先生的第三次发现，使得何尊终成“镇国之宝”；也真的非常庆幸这件现在收藏于宝鸡青铜器博物院的国之重器，当初没有被当作废铜烂铁，熔化消失。当然，我们也非常理解 2002 年国家文物局将何尊列入《首批禁止出国（境）展览文物目录》，因为这实在是一件伤不起也丢不得的超级宝贝！

二、“中国”地名的最早含义

何尊这件超级宝贝的惊世大发现，也为我们解说“中国”地名的最早含义，提供了极为珍贵的线索。

从文字上说，我们一目了然地看到了“中国”的最早写法，即“中”像一面旗帜，“国”写作“或”。这是什么意思呢？

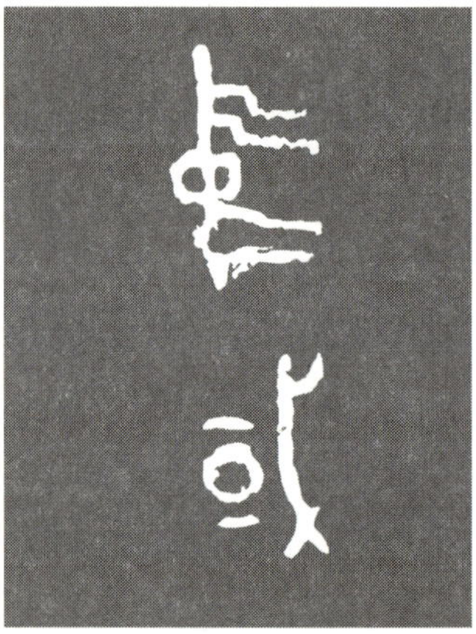

何尊铭文中的“中国”二字

先说“中”。按照古文字学家于省吾先生的考证，在殷商甲骨文以及商、周金文中，“中”字的首尾都加有若干条波浪形的飘带，向右或向左飘，“本象有旐之旗”，也就是“中”字在造字之初，本是带有飘带的旗帜的象形；首领有事了，就在高处竖起一面大旗，人们看到大旗，就从四面八方赶过来，围绕在旗子的周围，接受首领发布命令。于是，作为旗帜的“中”字，又引申出地理概念的中间的“中”、文化概念的合适的“中”等的意思，这也就是清人段玉裁在《说文解字注》中所说的：“中者，别于外之辞也，别于偏之辞也，亦合宜之辞也。”

再说“或”。现在这种写法的“国”字，是古代 40 多种国字写法中的一种。

1956年大陆确定第二批简化字时，郭沫若先生选定了“国”字，“国”字从“玉”，“玉”为美好的象征，这表达了“国”为“玉”也就是宝贝的意思。当然，在中国古代，国字的主要写法还是今天所说的繁体字的“國”，至于最早的国字，又是写成“或”的。那么最早写法的“或”是什么意思呢？东汉许慎的《说文解字》解释说：或，“从□从戈以守一。”这里的“□”指城池，“戈”指武器，“一”指土地，“或”就是一个人扛着武器，保卫城池，守护土地，雅一点说，就是《礼记·檀弓》里说的“执干戈以卫社稷”。

解释了这么多，我们应该清楚了：何尊铭文“宅兹中或”的“中或”，就是“中国”，而“中国”最初的意思，是指位居中间或者中央的城池与土地。

那么问题又来了，这位居中间或者中央的城池与土地，是指哪里呢？何尊铭文告诉我们，最早的“中国”是指洛阳，因为铭文中“初迁宅于成周”和“宅兹中或”是一个意思，成周＝中国，而寓意“成就周朝功业”的“成周”，故址就在今天的洛阳。今天的大中国，原来是发轫于洛阳这个小中国的，蛮有意思的吧！

其实直到今天，以洛阳以及洛阳所在的河南省为“中国之中”的观念，仍然表现在许多方面。如在中国的十大古都（西安、北京、洛阳、南京、开封、安阳、杭州、郑州、太原、成都）中，历史上的洛阳具有最为强烈、最为显著的正统意义；河南省的雅称有“中州”“中原”；河南人以“中”这个单词表达可以、行、同意等的意思；而在中华“五岳”中，嵩山为“中岳”。这样的观念，甚至得到了世界的认同，一个特别的证据，就是2010年8月1日，在巴西首都巴西利亚，联合国教科文组织第34届世界遗产大会审议通过，将中国河南省登封嵩山的“天地之中”历史建筑群列入《世界遗产名录》。其实地球是圆的，哪来的“天地之中”呢？“中国”“天地之中”等，都是一定范围内的地理概念与一定背景中的文化概念。

三、文化的“中国”，大美的地方

纸短话长，我们单说文化概念的“中国”。理解文化的“中国”，关键在个“中”字。在以农业为底色的中国传统社会，居中的“中”总是好的，所谓“天地之道，帝王之治，圣贤之学，皆不外乎中”（清钱大昕《中庸说》），我们做人做事，也要讲究不偏不倚、无过无不及，所以，文化上的“中”，为正，为顺，为和平，为忠信，为合宜。既然“中”字具有这么多的美义，那么文化的“中国”当然就是“大美”的地方。

进一步说，理解文化的“中国”，也很有助于我们理解中国人的典型行为。如在中国传统文化中，重要的行为原则之一是“中庸”。林语堂在《吾国与吾民》中说：“中庸之道在中国人心中居极重要之位置，盖他们自名其国号曰‘中国’，有以见之。中国两字所包含之意义，不止于地文上的印象，也显示出一种生活的轨范。”什么样的“生活的轨范”呢？1922 年，文化名人夏丏尊先生在《误用的并存与折中》中说：

> 从小读过《中庸》的中国人，有一种传统的思想与习惯。凡遇正反对的东西，都把他并存起来，或折中起来。已经用白话文了，有的学校，同时还教着古文。已经改了阳历了，阴历还在那里被人沿用。讨价一千，还价五百。再不成的时候，就再用七百五十的中数来折中。中国真不愧为“中”国哩。

夏丏尊先生

好精彩的一句“中国真不愧为‘中’国哩”！这样的“中国”，似乎可以称为“行为中国”吧，它使得中国人的典型行为，整体而言，是“中”，是中庸，是并存，是和平而不激烈、调和而不偏颇，是不过激、不不及。这样的“中国人”，真与意蕴丰富、内涵深刻的“中国”地名，协调合一。

然则“中国”这条地名，其地理意义的“居中而大”、文化意义的“中庸且美”，又与“大美中国”地名故事征文活动的主题协调合一，这是巧合呢？还是有意为之？我不知道……

（作者单位：南京大学历史学院）

长沙地名源流考

彭雪开

《史记·秦始皇本纪第六》记载:“分天下为三十六郡,郡置守、尉监。”《集解》中列有“长沙”。《汉书·地理志第八下》记载:“长沙国,秦郡,高帝五年为国。”《长沙县志·大事记》记载:“秦王政二十六年(前221)置长沙郡,附廓湘县。”秦置长沙郡后,长沙,名显国中。

长沙,上古名“沙”,周初为越人方国地名,得名长沙。作为行政区划地名,历有长沙、湘、临湘、抚塍之名,皆有历史文化渊源可考。

一、“长沙”得名渊源

沙,作为越族集落地名,得名约在西周之前。

其一,长沙上古为三苗国地。《战国策·魏策一》载:“昔有三苗之后,左彭蠡之波,右洞庭之水。”《韩诗外传》纠正为“左洞庭之波,右彭蠡之川。”唐代杜佑《通典》云:“今岳州、潭州、衡州,皆古三苗国。”《史记·五帝本纪》载:“三苗在江淮,荆州数为乱。”三苗,古籍多指南蛮重要一支。《逸周书·尝麦篇》《国语·楚语》《战国策·秦》《吕氏春秋·荡兵》等典籍记:相传在氏族制(原始社会)后期,我国北方有炎黄部落集团,东方有九黎部落集团,南方有南蛮部落集团长期争战的记载。九黎部落集团为蚩尤。《史记·五帝本纪》集解:孔安国曰:“九黎君号蚩尤。”《国语·楚语》注云:“九黎,蚩尤之徒也。”《太平御览·卷一五》载:“黄帝与蚩尤九战九不胜。”最后炎、黄部落联盟联合,在涿鹿(今河北涿鹿县)将蚩尤擒杀。九黎部落集团败退江南,至尧、舜、禹时,又渐形成三苗部落联盟,史称“三苗国”,其首领为驩兜。《尚书·尧典》《墨子》《荀子》等古籍中,多有三苗族处南蛮而不宾服的记载。三苗族退居南方后,渐成为江汉地区蛮民之一支。

其二，地下文物考古证实，三苗族确在南方活动过，后为古越人所居。彭适凡先生认为：我国三大部落集团之一苗氏之一支，确在南方，其活动范围正是南方几何纹陶的主要分布区。他们创造了屈家岭文化。其文化遗址已发现近1000处。主要分布在长江中游和江汉地区。距今约5000～4600年，其经济以种植水稻为主，兼营渔猎与采集；陶纹多为点、线状几何纹为主，陶面常饰以弘纹、浅篮纹、刻划纹、瓦楼纹、镂孔；其墓葬形制以竖穴土坑墓为主。这些与古越人陶、墓文化基本一致。由此推知屈家岭文化，及其稍后受其影响的石家河文化（距今5000～4300年），应是三苗人后裔及古越人创造的文化。1958年长沙市发掘月亮山文化遗址，采集石斧、石矛、石鼎、石铲等石器70件，属距今约4500年的龙山文化遗址。这些文化遗址应受到石家河文化的影响，1958年以来，长沙县内共出土文物683件，其中石器类575件；有商至春秋战国时期的碗、盆、陶片类50件。

三苗部落联盟的苗领驩兜，受到尧、舜、禹多次征伐。《尚书·尧典》记载：“放驩兜于崇山，以变南蛮。窜三苗于三危。”今有驩兜放逐于湘西张家界市之说。《辞源》释“崇山”曰：“在湖南大庸县（今张家界市永定区）西南，与天门山相连。相传舜流放驩兜于崇山，即此。”《直隶澧州志》亦有载：舜发兵征三苗，在“丹水之浦”（今湖北丹水流域）将三苗打败，但三苗族累征不服，最后舜率部族大举南征，由于力不从心遂死苍梧（今湖南永州市宁远县）。三苗被征服后，一部分融入古越族，一部分向今湖南湘西沅水上游迁徙，成为今湘西、云、贵高原苗、瑶族居住地先祖。由此推知，今长沙地区上古为三苗国，三苗败后为古越人所居。

其三，长沙上古名“沙”，属古越人族居之地。据《左传·襄公十四年》《左传·宣公四年》《说苑·越人歌》及有关先秦古籍记载，古越语与华夏语有很大区别。“江浙一带古越语地名的一条规律是齐头式地名只有关加式，即以发语词领首，未见有倒置式地名。”长沙在商周之交，为古杨越人族居之地，极可能属此种情况。

沙，古文中多指细碎的石粒。《诗·大雅·凫鹥》记载：“凫鹥在沙，公尸来燕来宜。”《墨子·备梯》记载：“城上繁下矢石沙炭以雨之，薪火水汤以济之。”《说文·水部》记载：“沙，水散石也。”段玉裁注：“石散碎谓之沙。”古今文中有

20余种释义，其本义指碎石粒。在《休盘》等金文中，沙之字形，就像一条曲行河流旁有一片细碎石。杨越人族居此地后，发现湘江边白沙如带，形成长而大的白沙带，故叫“沙”。但越语读“沙”前加惊叹字“长”，“长”即为发语词，冠首，实为虚敬词而已，实以“沙”名族邑。

经地质专家考证，长沙地质结构，以石英砂岩、沙砾岩、粉砂岩及页岩为主，经长期内部地层崩塌、风化及外力作用及流水冲刷，致使大量砂、石聚于地表，长沙湘江河谷地带，分布着大片沙滩、沙洲。枯水季节，沙滩沙洲裸露。

其四，有古籍史料记载。《湘中记》记载：“白沙如霜雪。”《路史》记载：“沙，为长沙；云阳，为茶陵。”晋代阚骃《十三州志》载：汉“有万里沙祠，而西自湘州，至东莱万里，故曰长沙。”《元和郡县志》引《东方朔记》载：“南郡有万里沙祠，自湘州至东莱可万里，故曰长沙。”唐代杜佑《通典》载：潭州“秦为长沙郡”。注云：“有万里长沙，故曰长沙。自此后，历代地方志多引此为据，长沙得名于‘万里沙祠’。”《史记·孝武本纪》载：汉武帝元封二年(前11)，至今山东东莱祈祷“万里沙”。因有“沙经三百里”之沙原，故祭之。东汉应劭注曰：“万里沙，神祠也。”有感于晋代今长沙湘江水陆洲(橘子洲)大面积显露，故阚骃便附会成“万里沙祠”。但不能否认，其时长沙已建万里沙祠或“沙祠”，供人祭祀。《楚辞·湘君》及《湘夫人》等载：楚人历有敬祭“湘女神”“湘夫人”“鬼母”之俗，这当为古越人敬祭之遗存。在“蛮越”中，据传“长”为祭祀，“沙”为女神之容。“长沙”在越语中，是祭祀白沙神及女神的地方。今壮、侗民族，据考证为古越人后裔，至今有“未立村寨，先立长沙”的成语，这也可视为古越人祭祀白沙、女神之遗传。唐代《长沙土风碑记》引《遁甲记》云：“沙土之地，云阳之墟。”《元和郡县志》载：“秦并天下，分黔中以南之沙乡为长沙郡，以统湘川。”以上“沙土”“沙”“沙乡”“白沙”等应是古越人地名之遗存。

其五，有水陆洲可证。《水经注·湘水》称为桔洲，当地习称橘子洲，长约5000米，宽20~200米，均宽约102米。《湘中记》记载：“晋惠帝永兴二年(305)生此洲。”《太平寰宇记》记载：“晋惠帝永兴二年此洲生。”但经地质专家取样分析考证认为：水陆洲是第四纪全新世时形成，至少10000年以上。古代湘水位低，如1986年发掘长沙县南托遗址，与水陆洲南头相距不远位置就处在低于今水陆洲的河滩上，距今7000年，其底层亦为第四纪全新世地层。由此可知，水陆洲早于晋代前很久已存在。这亦佐证,长沙上古以“沙”名地。

长沙,最早见于《逸周书·王会篇》:“路人大竹,长沙鳖。”孔晁注:长沙鳖“特大而美,故贡也。”《逸周书》亦名汲冢周书,传为晋太康二年(281)在汲郡(今河南汲县)战国魏安厘王墓中发现。成书约在战国之前。战国至秦汉,历有增删,但历代学者考证,为先秦古籍,记载的史迹,大多有据。其中《王会篇》记载了公元前11世纪周成王营建洛邑竣工之后,大会诸侯及方国的盛况。

方国,在甲骨文、金文中,亦称多方。周之方国为周公所封。《周易·既济》:“方,国也。”《诗·大雅·大明》:“厥德不回,以受方国,多指与中原王朝之外的诸侯‘服国’。”《王会篇》:“方千里之内为比服,方二千里之内为要服,方三千里之内为荒服,是皆朝于内者。”古代这种记载,是一种大概数据,并无实凭。《史记·周本纪》载:洛邑居“天下之中,四方八贡道里均”。大概是为了区分各方国向周王朝进贡方物的多少,才有此说。

《尚书·洛诰》载:“新邑”王城落成后,即行庆典,大会诸侯接受诸侯及方国的朝贡,表示臣服于周。长沙为“要服”之地。其时为杨越人所居,应为大的方国了,故贡“长沙鳖”,以示臣服。商末周初至春秋中期以前,楚人势力还未能深入今湖南境内。这已被今江汉考古文物所证实。共和国《长沙县志·总述》载:长沙“商周时,长沙县为荆州之域,古三苗国地。”三苗国衰落后,为古越人所居,周初实为杨越人族居。这也为地下发掘文物所证实。杨越人所立方国首领,以“沙”侯向周王朝进贡沙鳖,当为方国无疑。因冠以越语“长”虚词,读为“长沙鳖”,后被周王朝以中原文字,载入《王会篇》,名曰“长沙鳖”,从此,长沙始名矣。

至战国时,长沙之名多见。《战国策·赵策》载:“长沙之难,太子横为质于齐。”《史记·越王勾践世家》:“长沙,楚之粟也。”1986年湖北荆州发掘战国中期(约前300)包山2号墓,其中有“长沙正”名“龚怿”,“长沙公之军”两竹简。由此可见,“长沙”地名,不晚于战国中期,已被史籍所载。应劭《汉官仪》云:秦郡长沙系因袭旧名。《湘川记》载:“秦分黔中郡以南之沙乡地区置长沙郡,则长沙之名始于洪荒之世,而以之为乡为郡,则在后世耳。”

长沙方国,当为周公所封。《史记·封禅书》载:“武王克。”《尚书·金縢》:“既克商二年,王有疾,弗豫。”《逸周书·作洛解》亦有载:“殷二年,天下未宁而崩。”其时,儿子成王年幼,周公旦(武王弟)替成王摄政,史称“周公摄政”。周公东征三年，平商遗武庚之乱，打垮了商人在东方的潜伏势力。《史记·鲁世家》：“人或潜周公，周公奔楚。”后流言澄清，周公又受命征战东南方。《诗·鲁颂·閟宫》称颂西周：“奄有龟蒙，遂荒大东，至于海邦，淮夷来同。”“及彼南夷，莫不率从。”《孟子·滕文公下》：“周公相武王诛纣；伐奄三年讨其君，驱飞廉于海隅而戮之，灭国者五十，驱虎豹犀象而远之，天下大悦。”《吕氏春秋》记载：“商人服象，为虐于东夷，周公遂以师逐之，至于江南。”这表明周公征战东南，主要在今黄河及长江中下游，也到过江汉一带。大约在此时，杨越族“沙”侯首领，助周公征战，被周公以越语读多封为“长沙”方国。至周成王洛邑成大会诸侯、方国时，长沙杨越族方国，向周成王献“长沙鳖”，又臣服于周。

长沙得名于沙星，依据不足，当为后人附会。《史记·天官书》记载：“天则有列星，地则有州域。”古人认为天上有星象，天下则有“星野”对应。二十八宿中轸宿有一附星为“长沙星”，故有人依此推论“长沙星”以应“长沙”地域，故长沙历有“星沙”之谓。今长沙县治即为“星沙镇”。可见，“星沙”影响至巨。唐代张守节《史记正文》云：“长沙一星在轸中，主寿命。”后文人多附会长沙星明亮，则“主长寿，子孙昌”。此说契合封建时代民众心理，影响深广，至今不弭消。

二十八宿名称，最早见于1978年湖北随州曾侯乙墓（战国早期），其墓中出土一漆箱，箱盖上绘有二十八宿天文图，将二十八宿画成一圈，中间有北头七星。《周礼·秋官·硩蔟氏》有“二十有八星之号”。《吕氏春秋·圜道》亦载：“月躔二十八宿星，轸与角属，圜道也。”并详述了二十八宿星名称。《史记·天官书》《汉书·天文志》皆载：创立二十八宿体系的，为战国早中期的甘公（甘德）和石申。石申为魏人，甘公为楚人。《史记·天官书》记载：“斗为帝车，运于中央，临制四乡。”《鹖冠子·环流篇》认为：北斗之柄的指向，随着四季变换而运转，因而分为四季。由上可知，二十八宿体系的创立，当在春秋晚期至战国初期。“长沙”之名，始载《逸周书》，《逸周书》多为战国时成书，所载周初之事，多有根据。故长沙以“星沙”名地，依据不足，当为后人附会。

二、“湘、临湘、抚䐚”得名渊源

湘。“秦王政二十六年（前221），置长沙郡，附廓湘县。”因境内有湘江（湘水），故以名县，县治今长沙市老城区南部。《晋书·卷十五》载：秦灭楚后“分黔中郡为长沙郡。”《湘州记》云:“始皇二十五年,并天下,分黔中以南之沙乡为长沙郡,以统湘川。”实际上秦置长沙郡,当在始皇二十六年(前221),并非始皇二十五年。

湘,又名湘水、湘江,得名较早。楚怀王三年(前323),楚王颁发《鄂君舟节》铭文:上有江(长江)、湘、资、沅、澧等诸水之称。屈原《楚辞·九歌》中,亦多有其载。战国初,湘称为湘水,至秦始皇凿灵渠平定南越后,始有湘水之称。

湘,作为河流专称,实为楚、越人所创,其义多重。其一,湘,古与鬺通,皆为烹之意。烹,其本义是用三足鼎,注清澈河水煮鱼,以祀河神,这是古越人祭祀河神的仪式。战国初,楚文王从枝江迁罗子国遗民于沅湘汨罗,允其复国,为附庸国,这是楚国经略今湖南之始。其时,一支楚军与罗人共居一地,楚人假借《诗经》中“湘”字,为罗子国内大河流之称,也是沿袭古越人渔祭水神之俗。

其二,湘字从相从水,皆符合湘水地貌特征。从相,表示楚、越、罗人,常在湘水岸边劳作捕鱼,见湘水两岸森林茂密,风光秀美,故从相;发现湘水两岸地广人稀,从南往北流的河水,清澈如鉴,故以三点水。后楚、罗人依越人读音,借《诗经》中“湘”字,读写为湘。

其三,古罗人族居沅湘流域后,在古越人族居其地时,就流传“湘君”“湘夫人”二水神传说。古罗人与古越人共居一地后,亦常作“大水神”,时常供祭。楚、罗人假借“湘”字,为河流专称,符合古越人沅、湘下游祭祀“大水神”之习俗。于是,湘字作为今湖南境内河流专称,由此而生。

临湘。《汉书·地理志》记载:“长沙国。秦郡,高帝五年为国。莽曰填蛮,属荆州。”有县十三:临湘,莽曰抚睦。清康熙年间的《临湘县志·目例》记载:“临湘乃汉长沙县名。”《水经注·湘水》载:湘水“右经临湘县故城西。县治湘水滨,临川侧,故即名焉。”这说明汉高祖五年(前202),改湘县为临湘县,以临湘水而得名。

抚睦。新朝王莽始建国二年(10),改临湘县为抚睦县,县治原址。抚,古文中多有拊、摩之意。《国语·晋语八》载:“叔向见司马侯之子,抚而泣之。”韦昭注:“抚,拊之也。”《韩非子·十过》记载:“未终,师旷抚止之。”《说文·手部》云:“抚,揗也。”段玉裁注:“揗者,摩也。”古今文中有20种释义,其本义指拊、摩之意,即轻拍安抚。睦,古文中多指和、亲之意。《书·尧典》载:“九族既睦,平章百姓。”孔颖达疏：“睦，即亲也。”《左传·定公四年》记载：“故周公相王室，以尹天下，于周为睦。”杜预注：“睦，亲厚也。”古今文中有数种释义，其本义指和、亲。抚睦，当为安抚和亲之意。

临湘县改为抚睦县，当与王莽篡汉乱改地名有关。《汉书·王莽传中》载：王莽改制，多从更改郡县地名开始，“岁复变更，一郡至五易名，而复还其故。”王莽乱改地名有如下几种：一是把原地名，改成带有“亭”字的地名，“郡县以亭名者三百六十，以应符命也。”二是把原地名改为带有治、安、宁、平、顺等字的地名，以求吉顺，见之于史载者有108例；三是取吉祥之名，其中以美、信、睦、昌字最多。这类改名有59例；四是用同义、同音字改名者，有40例；五是用反义字改地名；六是使用侮辱性字眼改名者，有郡名者10例，有县名者26例。王莽改长沙郡为“填蛮”，改长沙县为“抚睦”，即属乱改地名第三种、第六种情况。

王莽不顾地名命名规律，乱改地名，使“吏民不能记”，导致政区乱象丛生。公元23年，绿林、赤眉义举，推翻了“新”朝，王莽被杀。之后，东汉五朝建立，又复西汉郡县制。东汉光武帝建武元年(25)，仍改抚睦县为临湘县；并析县境东南地置醴陵县。东汉建安十四年(209)，析临湘县置浏(刘)阳县。隋文帝开皇九年(589)，改临湘县为长沙县，为长沙名县之始。隋炀帝大业三年(607)，浏(刘)阳、醴陵两县并入长沙县。唐高祖武德四年(621)，析长沙县东南地，复置醴陵县；唐中宗景龙二年(708)，复置浏阳县。自此后，长沙县名不易，县城数析他县，归属随长沙郡、州、府、路、厅、道、市而更改，终属长沙市。今长沙市所辖各县、市、区内，资源丰富，交通便捷，为湖南经济、政治、文化、社会聚集中心。城市建设日新月异，旧貌不识。境内名胜古迹众多，游者不绝于途。

本文原载《长沙大学学报》(哲社版)，2016年第6期

(作者单位：湖南工业大学)

辽宁省

沈阳市和平区建地名电子档案管理系统

春节前，上海市民杨世伟来沈阳市和平区地名办查询北市场地区原19经路和24纬路现在的位置。这两条路为80年前的老地名，早已经不再使用。和平区地名办立即通过新建的系统调阅了1936年伪满出版的地图和新中国成立后解放军测绘学院出版的地图，再与我们编制的《和平区社区地图册》对照，只用了几分钟的时间就查清了老地址位于现在北市二街和抚顺路的交会处附近。该市民连声感叹：我已经用了半个月的时间，跑了好几家单位，都没有查到，以为没有希望了，真没想到和平区地名办这么快就查到了，我94岁的老父亲终于可以实现回家看看的夙愿了！

这就是区级地名电子档案管理系统便民为民服务的众多事例中的一个。

为社会各界提供快速、便捷、准确的地名信息查询服务，推动第二次全国地名普查工作的开展，在沈阳市民政局区划地名处的指导下，和平区民政局创新工作手段，充分整合地名档案资源，在全市率先建成了区级地名电子档案管理系统，初步建立了一种有效开展工作，高效服务居民和企业的全新的工作模式。

一、梳理整合档案资源，解决地名档案分散管理问题

多年来，和平区地名办积累了大量地名工作档案：有1988年至1991年的审批档案205卷，1991年后的审批档案256卷，第一次全国地名普查成果档案910卷，其他地名工作资料910册和地图803张。这其中有1917年出版的《奉天附属地实测平面图》、1936年出版的《大奉天全图》和1950年解放军测绘学院出版的《最新沈阳市街详图》等24幅具有珍贵史料价值的老地图，这些资料是和平区几代地名工作者积累下来的宝贵财富，不仅是重要的工作档案，更是珍贵的历史和文化档案，对各项工作的开展有着十分重要的意义，有着不可估量的价值。但是，由于这些档案长期分散存放在和平区民政局机关档案室、区地名办与和平区审批服务中心，严重制约了其发挥其应有的作用。另外，这些档案资料全部为纸质，由于时间久远和实际工作中频繁使用，已经有了不同程度的破损，而且管理

成本高、易受损，维护起来也极不方便。本着对历史负责，对工作负责的态度，在沈阳市民政局区划地名处的指导下，和平区民政局投入近 10 万元，对所有地名档案进行了数字化处理，共扫描各类地名档案 19.57 万页，图纸 803 张，在全市率先建成了区级地名电子档案管理系统，将原本分散于各处的各类地名档案整合到一个系统中，盘活了库存地名档案资源，实现了所有地名档案的集中管理和集中使用，解决了地名档案分散管理的问题，使其在工作中发挥了更大的作用。新系统建立后，大大减少了对库存档案的调阅和复印次数，降低了档案的老化速度，使库存纸质档案得到了最大程度的保护，确保了档案实体的安全。

二、强化工作平台功能，为地名普查提供有力支撑

新建立的地名电子档案管理系统，既是一个档案管理平台，也是一个地名普查工作平台，在地名普查中发挥了有力的支撑作用。系统建立前，各街道都是分期分批到地名档案库中拍摄本街道的资料，既费时费力，效率还不高，仅就查询地名资料这一项工作，就给我们带来了很大的不便。地名电子档案管理系统建立后，他们实现了对第一次全国地名普查资料和地名工作资料的充分利用，实现了共用共享：将全区各类普查实体的历史沿革及其他有价值的信息整理汇总，通过 QQ 群和微信群，传递给各街道和社区，为普查第一线的工作人员提供了大量翔实的参考资料；各普查成员单位也可以通过这一系统，随时查询所需要的普查资料，大大提高了查询速度，加快了地名普查的进度，提高了地名普查的质量。在地名普查中，和平区地名办借助这一系统，查询了大量历史资料，挖掘整理出了大馆、大院、圈儿楼、下夹河、马总屯和五里河等多处历史地名，为传承地名文化，深入细致地做好地名普查工作发挥了重要作用。在南湖街道新世界地区街路命名过程中，和平区地名办在做好实地调查的同时，借助这一系统，查阅了大量新世界地区的文字和地图资料，对这一地区的历史沿革进行了认真梳理，将其中的一条路，以历史上位于该地区的广兴寺命名，保留了有价值的历史文化信息。由于建立了这一系统，和平区在上半年就完成了 6200 多条普查实体的填报和录入工作，登记表填报质量也得到了有效保证，在全市绩效考核中名列前茅。

三、优化工作手段，提升地名公共服务水平

和平区民政局始终致力于探索便民、利民的新方法，不断提升地名管理和服

务水平。在实际工作中，每天都有大量地名信息查询业务，以往都是工作人员往返于服务窗口和档案室之间，翻阅和复印纸质档案。部分档案由于装订得比较厚，复印很不方便，也影响复印质量。按照原查询模式，完成一次查询，至少需要20分钟时间，既浪费时间，也不利于档案资料的保护，已经越来越不能适应广大居民和驻区企业日益增长的服务需求，更不利于创造优质高效的营商环境。地名电子档案管理系统建立后，采用新查询模式，完成一次查询，一般不会超过5分钟，并可以立即打印出清晰的资料，比以往至少节省了75%的时间，得到了广大居民和企业的高度评价。地名电子档案管理系统不但在日常地名查询中作用明显，在查询已经消失的历史地名中，更是发挥着独特的作用。

2016年4月，根据区政府的统一部署，和平区民政局的地名审批和查询业务划归新成立的和平区审批服务局，为了确保地名工作的有效衔接，我们在区地名办和区审批局各安装了一套这一系统，建立了地名工作联动机制，实现了服务信息、审批信息定期更新，互通共享，地名工作的服务水平有了显著提高。

实现地名档案信息化，是提升地名工作管理和服务水平的有效载体，是做好第二次全国地名普查工作的有力支撑，是智慧沈阳建设的切实举措。在未来的工作中，和平区民政局将继续在沈阳市民政局的指导下，学习兄弟城区的有益经验，取长补短，不断充实和完善地名档案信息管理系统，创新工作方法，在全面提升社会公共服务效能、传承地名文化等方面做出不懈的努力。

浙江省

台州市上下联动　挖掘保护利用地名文化

新年伊始，浙江省台州市政府张兵市长在微信朋友圈里，亲自就台州市区中央商务区水体绿地公园拟命名“和合公园”，征求广大市民意见。寒山、拾得是台州历史上著名的“和合二圣”，台州当前正在结合第二次全国地名普查工作，打造“和合”圣地，体现台州人文传承的“和合”地名入驻市中心地标公园受到群众普遍点赞。近年来，台州市民政局按照省民政厅关于“地名要讲文化”的总体要求，坚持不懈推进地名文化建设，形成了一批地名文化成果，不仅提高了台州市地名的文化内涵和品位，也凝聚了社会各界对地名的共识，推动地名各项工作迈上新台阶。在台州市地名文化建设工作中，地名工作者不断探索，努力寻找适应地名工作特点和当地特色的方法和途径。

一、开展流失地名收集整理，抢救保护地名文化

地名作为传承历史文脉的重要载体，对提炼人文历史特征，增强人们的归属感和认同感，具有重要的历史和现实意义。新中国成立以后，人民公社运动、“文化大革命”、改革开放后的行政区划撤扩并等时期，行政区划和地名变动较大。随着城市化的推进，城市建设日新月异，城乡面貌发生翻天覆地的变化，一方面新地名应运而生，另一方面许多老地名渐次消失。仅据黄岩区统计，消失的地名就多达 829 条。这些流失地名如不及时进行收集整理，再过若干年，就将湮没在历史的长河中。为此，市民政局于 2016 年初结合第二次全国地名普查工作，开始谋划部署流失地名抢救性收集整理工作，将其纳入年度工作目标考核重要内容，实行上下联动、以点带面，县(市、区)民政部门一把手亲自抓，市局每季度进行督查，召开现场会，推广试点经验。

(一)制订方案，试点先行

台州市首先在黄岩区开展流失地名收集整理试点工作，制订详细周密、具有较强操作性的流失地名调查方案。一是分析流失地名的现状和分布，梳量地名流失的重要时期、重大事件。比如黄岩区在新中国成立初期、“文化大革命”、长潭水库建设、村规模调整撤并等时期出现较大规模地名流失。二是确定流失地名收集的时间节点和范围。以新中国成立后流失的地名为主，兼顾历代地名的变化和消失情况。同时以行政区域为单位，按照地名类别，兼顾重大事件和工程，编制地名目录。三是细化流失地名调查内容。制作《流失地名登记表》，主要调查流失地名位置、地名来历、含义、沿革；并规范体例，以史料为顺序，汇编成册。四是建立流失地名调查渠道。通过查找历史资料档案、实地走访等方式，获取流失地名资料。

(二)上下联动，点面结合

各地根据实际情况，建立流失地名调查队伍，采取多种方式收集整理流失地名。黄岩区实行乡镇普查和区本级专项调查相结合，在收集面上流失地名的同时，也把握重大事件点上流失的地名，最后由区本级整理审核。温岭市则通过政府采购，面向社会公开招标流失地名收集整理力量，市本级组织专家审核并汇编成册。

(三)植根乡土,专家把关

地名文化源远流长,承载着厚重的乡土历史,单凭民政地名部门一家收集整理流失地名很难奏效。各地都认真选聘了一批熟悉当地人文地理、热心地名文化的专家参与流失地名收集整理工作,民政地名部门主要负责组织、联络、审核工作。黄岩区、天台县、三门县专门聘请当地历史学会的老同志收集整理本级流失地名,每个乡镇街道聘请1~2名退休教师或者当地文化人士从事该项工作。

目前各地流失地名收集整理工作正在紧锣密鼓地进行,计划2017年上半年全面完成,届时编纂《台州流失地名录》,这将是一部研究台州人文地理的重要文献。人们可以从中寻根问祖,留住家乡记忆,还可以作为今后地名规划和恢复利用老地名的重要依据。

二、凝聚共识,充分挖掘利用地名文化

在当前大力倡导文化自信、弘扬优秀传统文化的大背景下,市民政局积极争取党委、政府和社会各界对地名文化建设的重视和支持,充分挖掘地名文化,在台州文化大市建设中发挥地名文化的应有作用。

(一)地名文化建设业已纳入党委、政府工作视野

台州市委、市政府主要领导高度重视地名文化建设,强调发挥地名文化对促进文化认同、提升城市品位的重要作用。一是对重要地名命名亲自把关。市政府主要领导专门安排协调相关部门,出台了《台州市区重要地名命名细则》,明确重要地名的命名在专家评审之后必须报市政府主要领导审定。台州市委、市政府主要领导亲自为《台州古旧地图集》作序。二是对地名突出难题亲自督促解决。国务院地名普查领导小组作出清理整治不规范地名决策之后,市民政局上报了市区不规范地名整治意见,市委、市政府主要领导都作出批示,将提交的整治方案批转各区和有关部门实施,市政府分管市长专题召开会议研究落实,市区久拖未决、缺乏文化内涵的十几条道路名称得以更名。三是对重大地名工作亲自动员。不久前刚召开的新年全市干部大会上,市委主要提出要以千年古镇、古村落的命名为起点,做好章安古镇、海门古卫城的开发保护利用工作。

(二)地名文化建设得到各部门的大力支持

地名涉及各行各业,方方面面。各级民政部门增进与有关部门的沟通联系,

加大地名文化宣传推广力度,积极争取相关部门的支持和配合。台州湾循环经济产业集聚区东部沿海是一片新开发的区块,项目建设如火如荼,面临大量地名命名。为了提高新区地名的文化内涵和品质,市民政局积极协调集聚区管委会,下拨专款聘请专家编制地名规划,系统开发利用本市地名文化资源,把台州的山海文化、熬波煮海的盐文化、古代海防的卫所文化等纳入地名规划,共规划了101条道路名称,12块公共空间名称,18条水系名称,95座桥梁名称。目前该规划已经报市政府批准实施,今后集聚区地名将成为展现台州历史文化的大观园。

(三)地名文化建设赢得社会广泛共识

为了增强地名命名的科学性,切实提高地名品质,市民政局将公众参与、专家论证作为地名管理和地名文化建设的一项重要原则。他们组织了一批熟悉台州人文地理、热心地名文化的专业人员、文化学者,成立台州市地名文化研究会,编印内部刊物《台州地名文化》,搭建地名文化交流平台,同时为地名专家库提供人才支撑,充分发挥专家的智慧。积极引导公众参与地名文化建设,从2015年开始,市民政局与当地主流媒体台州日报社联合举办"福彩杯—台州地名·光阴的故事"征文活动,唤醒社会公众的地名记忆。截至目前,全市共征集500多个地名目录和地名故事。《台州日报》在每周一至周三的"视点"栏目刊登地名故事累计200多篇,社会反响热烈,台州广播电台、台州电视台也纷纷引用地名故事。台州市对重要地名采取公开征求意见或公开征名的方式,集聚民智,把体现当地人文地理特征的名称反映到地名中去。比如中央商务区公园命名"和合公园"、新建跨椒江大桥命名"海门大桥",排蓄洪水道命名"洪家场浦",市民踊跃参与,收到很好的社会效果。

三、开拓创新,深化地名文化建设成果

今年,市民政局将按照省厅部署,创新工作方式方法,深化巩固地名文化建设成果。一是在全面完成流失地名收集整理工作之后,编纂《台州流失地名录》。完成各地《地名志》编写工作。收集与历史地名相关影像资料和实物,意向与台州市博物馆合作,使历史地名成为馆藏文化的一部分;同时争取在三门县建造地名记忆馆。二是以"全国地名地址库示范点"建设为契机,对地名普查中的历史地名、收集整理的流失地名、地名故事等地名文化资料进行数字化处理,通过网

络、新媒体、自媒体，传播推送台州市地名文化。三是在挖掘保护利用历史地名的基础上，进一步提炼富有当代台州时代特征的人文精神，反映到地名命名中，让台州市地名既反映历史的传承，也体现时代的烙印。

安徽省

全椒县挖掘地名地域特色　丰富地名文化内涵

安徽省全椒县历史悠久，西汉时期置县，2000 多年的历史形成独特的历史文化和地域文化特色。有些历史地名背后，蕴含着耐人寻味的传说和故事。这些传说和故事在民间口口相传，与人们生活息息相关，与传统文化一脉相承，深深镌刻在人们美好的记忆中，留住了乡愁。

第一次全国地名普查距第二次全国地名普查已有 30 多年，成果中文化内涵的信息尚嫌不足，内容不丰富。尤其随着经济社会发展和城镇化快速推进，一些老地名失去了功能，不断消亡。国普办提出挖掘、抢救、保护优秀传统地名文化是地名普查的必然要求，这对于我们在地名普查中保护传承优秀地名文化，突出地方文化特色给予了明确的指导。

全椒县在积极开展地名普查过程中，注重地名文化信息采集，采取了切实可行的措施。一是由文史委员、文学创作者组成地名普查专家咨询委员会的基础上，增聘了一批史志专家、民俗学者、戏曲家、原撤并前乡镇的老文化站长、非遗传承人等热爱地名文化的人士加入地名普查专家咨询委员会，发挥他们熟知当地文化底蕴，民风、民俗、民情了解比较深的优势，解决一些行政工作无法解决的地名文化属性问题。二是专题召集地名咨询专家部署地名文化信息采集工作，明晰采集内容，分解任务，通过资料分析、实地走访论证的方法，整理出地名来历、含义、历史沿革等内容，同时收集散落在民间、口口相传、濒临消亡的地名故事、传说，挖掘整理地名蕴含的文化积淀。同时发掘民间工艺、风物民俗、民间歌舞发源地、名人名言、地域特产等与地名相关的文化信息，进行深入挖掘。三是通过地名文化信息的采集，不仅丰富地名普查成果，而且侧重典型的地名文化信息的挖掘，整理编纂出内涵丰富、突出地方文化特色的地名文化录《不尽的乡愁》发行出版，向社会展示，所编纂的《千年古县 · 全椒》具有一定史料性，彰显出区域地名文化特色，也作为申报千年古县的辅佐。

更喜岷山千里雪

（中国社会书画院名誉会长姚治华作品）

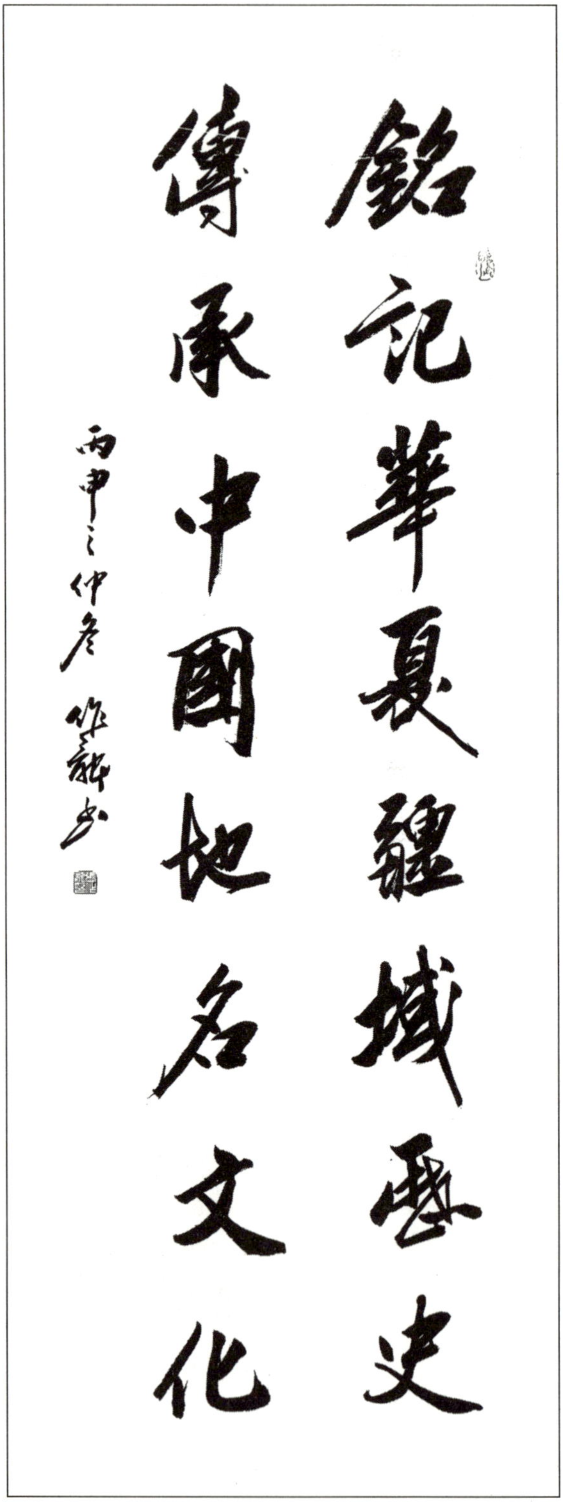

张作龙　书
（中国书法家协会会员）

西藏扎什伦布寺

“二普”外业数据采集

（速度中国项目组提供）

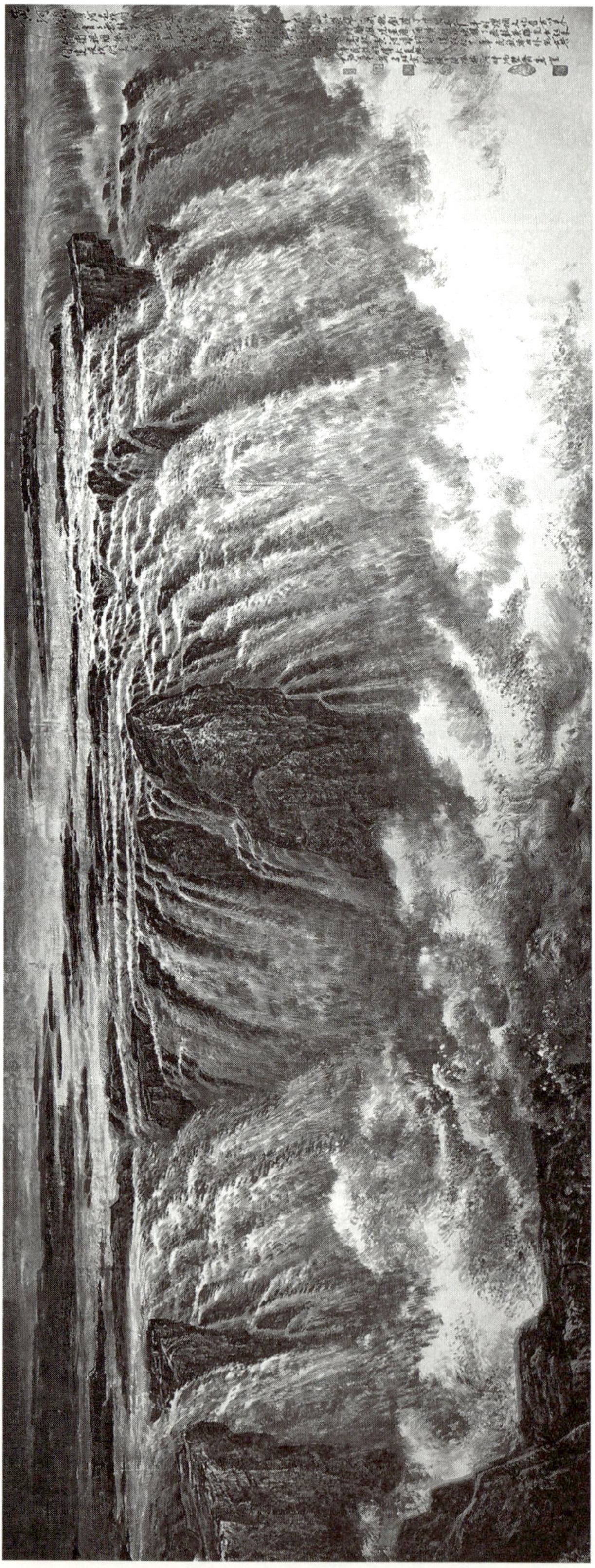

黄河颂
（中国社会书画院名誉会长姚治华作品）

司晨报晓“鸡”地名

商伟凡

鸡，据说是家畜（禽）里最早被中华祖先驯化者，其象形汉字见于四千多年前的商代“甲骨文”。东汉许慎的《说文解字》，将正字“雞”解读为“知时，畜也”，正字“雛”专指“雞子也”；同时，“雞”“雛”亦从“鸟”写作“鷄”“鶵”。日后，“鷄”（鸡）自“畜类”全身而退，转为“鸟纲，雉科家禽”（《辞海》），“鶵”（雏）则泛指“幼鸟”。在传统12生肖属相中，“鸡”是唯一的家禽，荣膺虚拟“百鸟之王”凤凰的参照样本之一。

作为我国民间吉祥物，鸡又以“五德之禽”备受青睐：头顶有冠乃“文”德，足距善斗乃“武”德，临敌敢拼乃“勇”德，遇食唤友乃“仁”德，报时守恒乃“信”德（《韩诗外传》）。于是，农历开年第一天（正月初一）被定为“鸡日”，城乡以红纸剪“天鸡”作窗花，以求“五德之禽啼，福气满门来”。无论“岁后八日：一鸡、二猪、三羊、四狗、五牛、六马、七人、八谷”（明・谢肇淛《五杂俎》），或称正月前七天里“二狗”“四猪”，“鸡”都雄踞领先地位。

而在与主人长相厮守的岁月里，“鸡”在我国成语典故中的形象活灵活现，如杀鸡骇猴、鸡飞蛋打。居家“六畜”中，“狗”紧随“鸡”驯化为“近臣”，战国便有孟尝君巧过函谷关的“鸡鸣狗盗”（今存“鸡鸣台”），民俗更有“无鸡狗不成家”——尽管传言“金鸡怕玉犬”，然而“鸡不与狗斗”“鸡犬之声相闻”，绝非“老死不相往来”，反而形影不离：指鸡骂狗、鸡飞狗跳、鸡犬不宁。人间也说“嫁鸡随鸡、嫁狗随狗”，也曾“一人得道”便要“鸡犬升天”。

鸡的汉字演变
商燕虹书

在如此厚重的社会文化氛围里，同样出于生产、生活需要，我国的地理景观因形似而以“鸡”冠名者颇多，规模不大、分布甚广并各具特色。

性别推“雄”　“一唱雄鸡天下白”。既然人类所需“知时”报晓非“鸡”之雄性莫属，以致地名中“公鸡”形象绝多，南方方言称作“鸡公”。河南、福建、四川皆有“鸡公山”，贵州关岭有“鸡公背山”，陕西褒城、贵州凤泉有“鸡翁山”，冠以“鸡公”的坡、嘴、洞、岽、髻、树等小地名不胜枚举。而母鸡（“鸡母”）少有露面，福建厦门有“鸡母”山，浙江嵊泗有“鸡娘”礁。

外貌推“艳”　“脱毛凤凰不如鸡”，后者则以“金鸡”为极致，如“中国电影金鸡奖”。地名中，“金鸡”应有尽有：自然的山、岭、坪、岙、岛、滩、湖、泉，人文的镇、关、寺、台、圩、场、路、亭，金鸡山（岭）不下 20 座，赣、粤、桂、川各有金鸡镇。其次，有台湾台北、湖南郴州、广西钦州、四川广元“白”鸡山，皖、粤、川“锦”鸡村，福建安溪“石”鸡湖，四川稻城“竹”鸡顶。

体态推“首”　“宁为鸡头，不做凤尾”。鸡头山，见于江苏南京、安徽池州、江西玉山、湖北荆门、云南昆明、陕西宁强、甘肃平凉，湘、琼、川、滇有“鸡头村”；鸡冠山，见于河北承德、内蒙古赤峰、辽宁凤城、吉林梅河口、黑龙江穆棱、浙江玉环、四川崇州，以及“鸡冠”岭、峰、洞、岛、坡、砬子，辽宁大连的清末日俄战场“东鸡冠山”闻名。从属鸡头的，有鸡“嘴”堡、鸡“舌”山。

行为推“鸣”　“金鸡报晓”“闻鸡起舞”。鸡鸣山，见于冀、晋、苏、皖、闽、鄂诸省；有河北怀来“鸡鸣驿”，山东荣成“鸡鸣岛”，辽宁辽阳、四川城口等“鸡鸣寺”，及冠以“鸡鸣”的水、原、坡、村、城、关、台。与“鸣”同义者，有鸡“唱”坪、鸡“叫”岩、鸡“啼”门。表现其他行为的，有福建平潭鸡“啄”礁、广东广州鸡“抱”沙、四川松潘鸡“栖”城、云南昌宁鸡“飞”温泉等。

溯源推“远”　春秋楚地“鸡父”，曾为诸侯之间战地，在今河南固始。《山海经》载，即谷山“又东南四十里曰‘鸡山’，其上多美梓，多桑，其草多韭”。内蒙古磴口的哈隆格乃峡谷口，古为阴山南北交通要冲，汉筑城曰“鸡鹿塞”。汉代，新罗之“始林”因有鸡怪而改称“鸡林”，唐设鸡林州；唐代设县“鸡惟”“鸡川”在今四川，“鸡翁”在今贵州，金代“鸡川县”则在今甘肃。

民俗推“异”　云南、贵州之村落不少通称“场”“街”，或以代表集日的生肖属相冠名，如鸡日逢集便称“鸡场（街）”；“鸡场”及“鸡场坡（坪）”又可用于所在乡镇名称,“鸡街”则遍及云南武定、蒙自、禄丰、广南、寻甸、西畴、漾濞等地。贵州毕节的“鸡姑槽”,其实为彝语“圆深窝子”译音。福建厦门的鸡罱山、鸡罱礁,“鸡罱(lǎn)”乃闽南方言所指的“鸡笼”。

余者推“杂” 浙江玉环、山东莒县、广东珠海“鸡山(岭)”,河北迁安“野鸡坨镇”,呈现“鸡”之整体;湖北大冶鸡“心”窝,广东广州鸡“颈”坑、东莞鸡“翅”岭,云南宾川鸡“足”山,辽宁辽阳鸡“爪”山,福建宁德鸡“尾”角,长江口外鸡“骨”礁,内蒙古包头鸡“毛”窑,显示其局部。五花八门还有鸡子山、鸡冢乡、鸡石街、鸡坑桥、鸡鹅巷、鸡嫲岽、鸡黍集、鸡打港、鸡蛋礁……

古往今来,以“鸡公、鸡冠、鸡鸣、金鸡”为代表,华夏的“鸡”地名暂时不计其数,更难以详陈。斗转星移,又逢“鸡”年,特撷取祖国四方十大“鸡”地名推出,彰显中华民族传统文化于一端。

鸡西——东北第一煤城 在黑龙江省东南部,为国家百年煤炭基地,荣膺“中国石墨之都”。“鸡西市”及所辖“鸡冠区”“鸡东县”,各称谓皆源自境内“鸡冠山”,清末有“鸡冠山子屯”。1941 年设“鸡宁县”,1949 年以相对鸡冠山方位改称“鸡西县”,1956 年撤县设市,居“鸡”西、双“鸭”山、“鹤”岗诸煤城之首。

鸡泽——先秦地名传承 今河北之滏阳河上游,古有诸河之水交汇、蓄积于低洼处(即“泽”,水聚积之地),并以居民繁育鸡鸭得名“鸡泽”。春秋时,晋悼公矢志复霸,于公元前 570 年邀集诸侯“同盟于鸡泽”,今旧城营村有古迹“晋侯盟台”。西汉设广平县,隋以水乡冠名县域改作“鸡泽县”,今县治称“鸡泽镇”。

江苏南京“古鸡鸣寺” 王旭钢摄

鸡鸣寺——“南朝第一寺” 在江苏南京鸡鸣山（原名“鸡笼山”）东麓，始建于西晋永康元年（300）。南朝梁普通八年（527），梁武帝于鸡鸣埭兴建同泰寺，居南朝480寺之首而成佛教中心。明洪武二十年（1387），太祖朱元璋令其扩建并为之题名“鸡鸣寺”。清代毁于咸丰战火，重修后规模缩小而香火不衰。

金鸡山岛——古今抗敌战地 在浙江嵊泗，南隔水道“剑门激流”与主岛相望，系1885年中法镇海之战指挥中心（清将欧阳利），存“督师御敌处”“保护军门遗迹”碑及罕见的清军营房、隧道遗迹。与周边海岛构成北仑海防遗址群，历经抗倭、抗英、抗法、抗日诸役，留有爱国志士戚继光、郑成功、裕谦、林则徐、薛福成足迹。

鸡笼山——台港基隆之源 台湾岛北端港口都市基隆，古称“鸡笼”，得名于港口外状若鸡笼的附属岛屿“鸡笼山”（今基隆屿），当地遂有“鸡笼”城、港、社及大鸡笼街之称，有《明史·鸡笼传》。清光绪元年（1875）设“基隆”厅，系“鸡笼”雅化并取义“基地昌隆”。今为台湾岛第二大海港及重要渔业基地。

鸡公山——“天下第一鸡” 曾名“鸡头（翅）山”，在河南信阳大别山西端，其报晓峰“鸡公头”似雄鸡引颈而鸣。地处南北方分界岭，“青分豫楚、襟扼三江”。有佛光、云海、雾凇、雨凇、霞光、异国花草、奇峰怪石、瀑布流泉八大自然景观，誉称“云中公园”。近代开公共租界先河，高山别墅群犹如“万国建筑博物馆”。

鸡心岭——版图“自然国心” “走上鸡心岭，一脚踏三省”，指湖北竹溪、陕西镇坪、重庆巫溪边界的三省（市）交会处，主峰海拔1890米。这里有1996年国家竖立的界牌标桩，也是华中、西北、西南三大区域分界岭。因其地处北纬31度、东经109度，恰好是中国雄鸡状版图的心脏位置，故有“自然国心”之誉。

鸡鸣三省——红军长征印记 “一鸡啼叫，三省皆闻”之地，位于四川叙永、贵州毕节、云南镇雄交界处，并有“鸡鸣三省大峡谷”。1935年2月5日，中央红军长征途经此处，在村里召开延续遵义会议、决定中央政治局常委分工的“鸡鸣三省会议”。该地名之奇特留给红军深刻印象，今立萧克将军题写“鸡鸣三省”纪念碑。

碧鸡山——古滇凤凰化身 云南昆明传说“金马碧鸡”：滇池两岸，东为神马现身之“金马山”，西以美如碧玉、啼鸣动听之凤凰（当地古称“碧鸡”）统称“碧鸡山”，山脚分建金马寺、碧鸡祠祭祀，也曾各筑金马关、碧鸡关护卫城垣。堪为昆明象征，今城区中心矗立金马、碧鸡牌坊，有街道、公园、广场冠名“金碧”。

宝鸡——陈仓“宝”地，山鸟神“鸡” 在陕西关中平原西部，“陈仓”始自公元前762年秦文公建城，为周、秦王朝发祥地。楚汉相争时，刘邦于此“明修栈道，暗度陈仓”。相传唐代“安史之乱”，玄宗避难、太子平叛均得陈仓“石鸡啼鸣”相助，遂以吉兆命名“宝鸡”。今称“青铜器之乡”，创立“宝（鸡之）学”。

（作者单位：中国地名学会）

京畿岭

——金鸡报晓

裴 伟

在中国人的阴阳观念中，公鸡是阳性。公鸡司晨报晓，黑夜随着它的啼鸣而离去，太阳随着它的啼鸣而来临，由此公鸡成为送走黑暗、迎接光明的光明之禽。在没有钟表的年代，雄鸡打鸣是人类的重要时间依据。先秦时代，各国的边界关隘闻鸡叫而打开，《史记》中就记载了孟尝君门客学鸡叫赚开城门的故事。秦昭王礼聘孟尝君为相，后听信谗言欲杀之，孟尝君仓皇逃走。到函谷关，还是半夜，关门紧闭。孟尝君担心天亮后秦王派兵追来，十分着急，幸好手下的门客学了几声鸡叫，引得远近村落的公鸡纷纷叫起来，关吏打开城门，孟尝君趁“鸡”逃走。

雄鸡有五德：头顶红冠，文也；脚踩斗距，武也；见敌能斗，勇也；找到食物能召唤其他鸡来吃，仁也；每天准时鸣叫向世人报告时辰，信也。

全国各地，有多处金鸡岭。镇江也有一处地方叫作金鸡岭，后改名为京畿岭。

戴德生葬礼上的京畿岭以及京畿路雏形

外国人拍摄京畿岭(英文　乞丐门)

一、"金鸡报晓"寓意吉祥

公鸡报晓是自然现象,不是谁发明或发现的。当然无从究其"来历"。而"金鸡"一词的来历,这大概关系到中国人的行文习惯。古往今来,我们述及某一动物时总爱在它前面冠以修饰性的形容词,诸如"金乌""玉兔""银蛇""蜡象"等,汉语中屡见不鲜。"金鸡"一词在汉代郑玄所注的《易纬》中就已出现:"泰山失金鸡,西岳亡玉羊"(《易纬是类谋》)。

在宋、金代诗人笔下,金鸡报晓逐渐成为吉祥语。如金朝道教徒写的诗"金鸡报晓泥牛走,枯木龙吟顽石吼。"到了明太祖朱元璋时代,其御笔:"鸡叫一声撅一撅,鸡叫两声撅两撅。三声唤出扶桑日,扫清残星与晓月。"朱元璋出身寒微,此诗前两句粗俗不堪,语淡如水,后两句却气度不凡,颇有帝王诗风,可谓反差鲜明。

咏唱金鸡,成为明朝人的时尚,明代唐伯虎《题金鸡报晓图(其一)》:"武距文冠五色翎,一声啼散满天星;铜壶玉漏金门下,多少王侯勒马听。"

在明朝诗人中,将金鸡岭列入吉祥口彩的诗句很多。如:尹瑾的"一声遥在翠微间,暭日初升识圣颜。汉代提封春曙彻,文明应在紫辰班。"王汝学的"闻说云中好养鸡,仙人家住武陵溪。何年海上朝三岛,鸡放云峰顶上啼。"王显先的"曙色微茫动海城,鸡声咿喔报星精。神光似唤金乌转,绛帻疑传玉漏明。天与江山增胜概,人于物候卜豪英。独怜辛酉钟灵瑞,从此朝阳叶凤鸣。"岑徵的"何如奇岭胤祯祥，德辉下览如鸾凰。玉立云头何矫矫，华国文章曾应兆。伫闻延颈向扶桑，咿喔三声天下晓。”张廷臣的“天鸡翔翥郁嵯峨，曙色逢春喜气多。恍是銮坡朝谒早，数声咿喔听鸣珂。”梁子寿的“色借金乌开晓曙，形流绛帻报佳辰。谁言雄峙无长夜，特立苍苍捧赤轮。”黄在衮的“紫盖标灵胜，祥光现瑞轮。鸡声一夕晓，海色九天春。金榜云霞绚，瑶屏雨露新。赤霄丹凤起，岩岫日嶙峋。”

金鸡报晓本意，公鸡打鸣告诉人们天将要亮了。寓意吉祥向上，黑暗即将结束黎明马上就会到来。对行人、旅客而言，新的日程开始了，好运常伴。对仕途而言，有了新的转机，看到曙光，看到希望，人生将腾蛟起凤！李白《流夜郎赠辛判官》诗：“我愁远谪夜郎去，何日金鸡放赦回。”金鸡为古代颁布赦诏时所用的仪仗，记载见《隋书》卷二十五志第二十刑法：“赦日，则武库令设金鸡及鼓于阊阖门外之右。勒集囚徒于阙前，挝鼓千声，释枷锁焉。”唐代延续此仪式，《新唐书》载两京武库署逢赦要“建金鸡，置鼓宫城门之右，大理及府县囚徒至，则击之”，少府逢赦则在赦日“树金鸡于仗南，竿长七丈，有鸡高四尺，黄金饰首，衔绛幡长七尺，承以彩盘，维以绛绳，将作监供焉。击鼓千声，集百官、父老、囚徒。坊小儿得鸡首者官以钱购，或取绛幡而已”，后以“金鸡”代指大赦。

明朝人写的神魔小说《封神演义》出了五关，来到金鸡岭，将金鸡岭描写为进入西岐（周原）的第一站。

二、镇江有一处“金鸡岭”

镇江是南北要津，如明代刘崧《十月十五日早离镇江》：“禅林闻有诸方胜，吏事嘶无半日闲。京口五更鸡唱乱，又冲残月过金山。”清人顾于观《京口晓望》：“万户沉苍霭，鸣鸡出翠微。”陈遹声《江行杂诗》：“鸡鸣京口泊，灯火隐渔滩。”鸡鸣报晓与这座滨江城邑的文化意象紧密相连。

与此意象符号相关的是镇江城西 7 华里的金鸡岭，在明代之前是一座山岭。据清代历史学家陈庆年说，在南宋《嘉定镇江志》就有了此名。金鸡岭是为云台山（古名蒜山、竖土山）分支，岭顶地形险要，为古代镇江西出的重要关隘。

据《明史》记载，崇祯九年十二月，镇江金鸡岭土山崩。就是说因为地震或者其他人为原因，金鸡岭发生大规模的地质滑坡。

清代因避让“重名”，地方政府将金鸡岭改名为京畿岭。实际是将地名雅化，是京口城郊的一座山岭地名，如道光年间的周镐绘画的《京江二十四景》图册上，有一幅“京畿晓发”，画面上两旁石岩壁立，山口建有关门及门楼，门内一侧树立牌坊多座，路上已见有早行者奔波的身影。画面栩栩如生，可以看到当时关隘的场景。

太平天国战争时期，京畿岭（云台山南麓）、宝盖山、烟墩山成为清军与太平军作战的要塞。京畿岭设立炮台，清官员“察看自京畿岭至银山之坳树木阴翳，草深数尺，其被焚庙宇墙垣林立，皆为该逆藏身之地”。镇江开埠以后，外国人拍摄的照片，京畿岭门楼大字清晰可辨。附近在此乞讨的游民很多，所以西方人称门楼为“乞丐门”。

由于上游运输而来的大量无主木排充塞河道，所以京畿岭下面的牌湾（簰湾）陆地面积扩大形成一个小市镇，京畿岭位于城西从牌湾进城、进租界的一条陆路要道，北侧西下坡一带有清真寺和西侨公墓。路上还设立了镇江最早的邮政局，足见其位置重要。

京畿岭中间的这条路，原来是狭窄逼仄弹石路，在戴德生葬礼的照片上可以看到，随着宁沪铁路的竣工，不能满足大量交通需求。直到辛亥革命后，被镇江卫戍司令李竟成“削坡”改造成京畿路（原名竟成马路），此后京畿路的地名逐步提高，成为火车站到码头之间（南北交通的“换乘”空间）的交通要隘。台湾唐鲁孙回忆系列之《故园情》，其中有一篇《人力车和三轮车的沧桑》，谈到镇江京畿路，关于高坡浓墨重彩：“民国十六年，江苏省会镇江代步工具，新旧都有，有二人抬的轿子，也有人力车。从火车站到市内要经过的京畿岭，是一个漫长的高坡，下坡时车夫两手紧握车簸箕下面的两只车撑子，让车的轴轮当中心支柱，车夫乘客俱悬空，迅若奔马，直冲而下。车夫双脚就像蜻蜓点水，每隔三五丈远才点地一下，以便减缓速度，调整方向。这种凌虚御风、悬泉飞瀑的滋味，一个控制不佳，不是人仰马翻，就是上不着天，下不着地，高打天秤。”唐先生一生足迹遍海内，交游极广，高坡显然给他留下了极其深刻的印象。

京畿路之所以有这样的高坡，因为路是建在京畿岭上。1908 年京沪铁路通车时，前往车站或下车进城的行旅均要翻越荒僻的京畿岭，李明回忆李竟成的文章《先君李竟成事迹概述》说：“原有旧路，等于山冈，坡度陡峻，不但车马经过，异常危险，即人行亦感困难。”时值民国初建，镇江卫戍司令官李竟成邀请本地商会陆小波、袁耀楣等人，筹措经费筑路，最后连同李竟成薪金收入亦捐献在内，修了京畿岭到火车站的石子大马路，由此行人再也不用沿南马路（今伯先路）、铁路边路折城外的武宁街（大西路西段）进西城门绕大圈子入城。这条石子大马路虽然仍有一个高坡，但路面又宽又平，和陡峻、绕大圈子相比，便捷许多。新建马路由块石铺就，两侧各有一条青石板路供独轮车行驶。其后虽多次降坡大修，但路面结构一直延续到1969年。现今我们在这条路上看到的近代风情建筑，如邮政总局、世界红十字会江苏（镇江）分会、朝阳楼、大兴池及瑞芝里、吉庆里等民居，皆成于“竟成马路”期间或以前。

现今京畿岭的地形、名称尚在，只是门楼、牌坊已无存。新中国成立后，京畿路街道办事处管辖范围东至山巷，南至风车山、黑桥及灵鹫巷，西以云台山脊至牌湾，北沿大西路，后来与中华路街道办事处合并为金山街道办事处。

（作者单位：江苏省镇江市地名办）

知识普及

如何编制实施地名文化遗产保护规划

各地要在全面调查、科学论证的基础上，结合地名规划编制和修订工作，制订地名文化遗产保护规划，明确保护范围和重点，确定长远保护目标和阶段性工作任务，提出保护要求与措施。要抓好规划落实，明确“十三五”期间的重点保护项目及年度实施计划，突出地方特色，创新保护方式，形成亮点和品牌。民政部将适时确定一批全国地名文化遗产保护示范地区和项目，带动地名文化遗产保护工作整体开展。

微“盐”大义

——被原卤浸润的中国地名举要

夏 懿

问渠那得清如许？为有源头活水来。浩浩荡荡的辽河水在营口市境内蜿蜒入海，冲刷出一片富饶的三角洲，世界最大的芦苇荡和独有的碱蓬草在这里冬藏春生。这是一片自然馈赠的神奇盐碱滩，每年夏天都如期迎来鹤舞蹁跹，每到冬季丹顶鹤就飞回江苏省盐城市，两个地方相差千里，却因为丹顶鹤、海和盐而隔空握手。退海之地的百姓曾经用最简朴的方式收集盐土，用大锅以烈火熬出盐粒。海并不是盐的唯一故乡，在中国的陆地，还有很多析出盐的地方和方式，如湖盐、井盐、矿盐等。民间有诗为证：“白头灶户低草房，六月煎盐烈火旁，走出门前烈日里，偷闲一刻是乘凉。”人不可一日无盐，人也是无盐不欢的存在，因而围绕着“盐”这样的结晶体，人类聚集又离散，形成了很多与“盐”有关的地名。

一、地名别称：川南大地的千年盐都

天生为卤，人生为盐，千年之盐非自贡莫属。自贡市位于四川盆地南部，是名副其实的中国井盐第一市。“自贡”二字便是自流井和贡井的合体简称。城市因为盐井而兴盛，百姓因为盐井而兴旺。自贡从东汉时期开始凿井制盐，至今已经延续两千多年，考古出土的盐井画像砖（东汉）生动地复原了历史场景。如今，古老的盐井依然供应着源源的卤水。

1942 年，自贡市成为全国第一个因盐设立的省辖市，当时全国 23 个省辖市中，四川省只有成都和自贡两座城市上榜。自流井区和贡井区正是自贡市的两个主要政区。“自流井”顾名思义，说的是打出的盐井自然流出卤水，像泉涌一样汩汩流出。有的地方打出了含有天然气的火井，因而引出“火井沱”这一地名。

从明代开始，利用天然气煎盐即为自流井地区的生产景象。清道光三十年(1850)开凿的“磨子井”荣膺“世界第一大火井”。在公井镇贡井河街(现自贡市富顺县)凿出的大公盐井质量最好，一是“公井”的谐音演变，二是由于烧盐呈贡皇家的传说，“贡井”由此而得名。自流井与贡井由一河分隔，曾经被分别称为富厂和荣厂、富荣东厂和富荣西厂，最后统称为富荣盐场，地理距离10千米的合称，显示着二者共生共荣的超然姿态。

李约瑟博士在其所著的《中国科学技术史》中，对自贡的钻探技术进行了简述，并拍摄了竹管道运输卤水的照片。1835年，世界第一口超千米的深井——燊海井在自贡诞生，自贡的盐井由浅层黄卤迈向深层黑卤。当我们追随历史的脚步，走进自贡市旧城区的自流井老街时，自贡世界地质公园的标志就会赫然在目，“自流井老街”的牌坊上镌刻着“自流井盐自流流出盐都岁月，长寿街人长寿寿传河府人家。”地上的青苔染绿了斑驳的石板路，重新复原的路边井、钱川井、荣华井、四望井、火龙井等盐井遗址述说着往昔的荣耀。“路边井”的标志这样写道：“路边井因开凿于路边而得名，岁月沧桑，雄伟的天车、井架、天地棍与大车已随时代变迁而湮没，唯有青石板的井口和象征盐井开凿的木碓架还依稀残留，昭示着当年路边井的繁荣。”“天赐咸泉”的石牌坊伫立在街巷的入口，一代代新人从牌坊下欣然走过，呼吸着老街由内而外醇厚的盐巴味道。

据说，自贡与盐有关的地名多达300个，从地名中可以链接自贡盐业生产的时间与空间，如盐水沟、火井坡、东源井、大生枧、八店街、盐卡子、盐马路、盐锅坝、竹子市、杀牛街等。有趣的是，自贡在清末民初存在着叫“皮局”的机构，因为使用牛运送食盐，死亡的牛不能随意处理，要由政府同意宰杀和贩卖。

走过这条古时运送井盐的古盐道，一直走到盐码头，瞥见了俗称“歪脑壳”的运盐橹船，它承载着千年的风霜，古盐贩运的繁华场景虽然悄然逝去，但那河水常流常新。周禄正的《老街赋》写得好：“天车高耸入云，井灶星罗棋布，枧管交错纵横。水是圣水，火是神火，煎出白花花食盐，化为光灿灿金银。盐业历史，源远流长；盐业文化，博大精深。勘探首在精准，钻井重在精深，烧盐贵在精湛，铸就精益求精之精神，积淀井盐文化之深厚底蕴。盐业兴带来文化兴，一艺精带来百艺精。”蜀地盐井与蜀道一样难通难打，但这正是千年盐都自贡的文化生命力所在。

图1　自流井老街

图2　采卤天地棍

二、以盐建制：藏不住的行政区域地名

纵观中国行政区域建制情况，东西南北中均有以盐命名的县级以上政区（港澳台未列入），其地名有12个，分别是白碱滩区（新疆）、海盐县（浙江）、盐城市（江苏）、盐都区（江苏）、盐边县（四川）、盐亭县（四川）、盐源县（四川）、盐池县（宁夏）、盐湖区（山西）、盐津县（云南）、盐山区（河北）、盐田区（广东）。另外，在中国版图“鸡头”位置的东北，虽然没有直接以盐命名的县级城市，但同样存在着红海滩、小盐滩（村）这样的地名。

白碱滩因为境内有白水滩，遍地是盐碱而得名。海盐县隶属浙江省嘉兴市，因为盛产海盐，秦朝时期便设立了海盐县，《汉书》记载：“故武原乡，有盐官。”《大明一统名胜志》记载：“县地广斥，盐田相望，故汉改名海盐。”盐城市的环城河是盐河，而且盐场遍布，市辖亭湖区和盐都区，亭湖区原称盐城镇，盐都区原称“盐渎”，是盐城之首的意思。盐边县、盐亭县和盐源县分别隶属四川省攀枝花市、绵阳市和凉山彝族自治州，又分别与盐边厅、秦亭、盐井河有关联。盐池县隶属宁夏吴忠市，历史上曾被称为盐州，其地名是对20多个天然盐池的统称。山西盐湖区因我国中西部最大的湖泊——盐湖而得名，历史上这里曾被称为解县和解州。盐津县从字面理解是运盐的渡口，民国时期的《盐津县志》记载：“盐津县，因井渡河岸有盐可采。”盐山、盐田同样因盐而兴：盐田区隶属深圳市，其咸头岭沙丘遗址中就发掘出了五千年前的制盐场地；盐山区隶属河北沧州市，是中国著名的长芦盐发源地。

盐井在藏语中被称为“擦卡洛”，西藏自治区东部曾经批复设有盐井县，后来国务院又批复予以撤销。如今,西藏昌都地区的芒康县设有盐井纳西民族乡。传统藏区从西至东按照地势高低分为3个区域:上阿里三围、中卫藏四茹、下朵康六岗,芒康岗是6个山冈之一。盐井自古盛产井盐,一条自然沟把盐井村分为上盐井和下盐井,古盐田在这里延续了一千多年,茶马古道从这里蜿蜒穿过,盐井也是马帮进入西藏的第一站。

据说,"姜岭之战"就发生在盐田地区。藏族史诗《格萨尔王传》中记载了这段故事:格萨尔王统治下的岭国拥有盐田,邻国姜国萨旦王意图夺取盐田资源,由此展开了盐田的争夺战与保卫战,且以格萨尔王胜利而告终。追寻着盐井这个地名去现场看一看,会有更强烈的文化震撼:盐田依傍澜沧江而建,在山的岩壁上是圆木柱支起的层层叠叠的盐田,当地百姓辛勤地将卤水倒入盐田里,用最原始的自然蒸发方式收集钟乳晶盐。上盐田地势又高又窄,出产产量较少且价格高些的白盐;下盐田地势平缓低洼,出产产量较高的红盐,搭配着这里女子的劳作和红色的土质,"桃花盐"这样雅致的名字给盐井增添了一抹亮色。

除了比较集中的县级以上地名,县级以下以盐命名的地名仍有很多,如众星般散落在广大的村镇。在湖北省监利县设有分盐镇,"分盐"源自分盐河,自古即为盐关,川盐和淮盐在这里会合售卖,政府扶持淮盐,但川盐在这里销路更好,分盐镇成为川盐和淮盐的分界线。分盐河北销售川盐,分盐河南销售淮盐,因为川盐的上好质量和"川盐济楚"的政令,公盐(淮盐)和私盐(川盐)的销量如跷跷板此起彼伏。在"东方明珠"香港,沙田区就是盐田的代名词;在宝岛台湾,盐埕区、埔盐乡、盐埔乡、盐水镇、淡水镇等也都述说着盐的故事。

图3 盐城印象

图4 西藏七彩盐田

三、地是名非:岁月深处的盐业历史

地名并不完全留存于表面,很多非盐字地名也和盐有着千丝万缕的联系。

位于青海省的柴达木盆地盛产湖盐，柴达木是蒙古语“盐泽”的意思，这个中国第二大盆地有 33 个盐湖，其中以察尔汗和茶卡天然盐池最为著名，察尔汗盐湖是蒙古语“盐的世界”，茶卡藏语意思为“盐海之滨、大青盐的故乡”。柴达木盆地就是一片盐的世界，可以用盐建造房屋，甚至连这里的公路都是用盐铺就的。

中国的用盐史不得不叙述山西省运城市，运城的盐湖是中国最早开发的盐湖，被称为“中国死海”，田汉先生盛赞运城盐湖为“千古中条一池雪”。因为，秦始皇设三十六郡，运城分属河东郡，所以运城自古被称为河东。在《河东盐法备览》中，记述了中国人析出盐的方法，所以运城盐又被称为鹽盐、潞盐、苦盐、晋盐、河东盐。据传说，黄帝和炎帝之间便发生过争夺盐的战争。《说文解字》中提到：“河东鹽池，袤五十一里，广七里，周百十六里。”运城是中国唯一的运盐专城，城内的很多街坊名与盐务相关，宝泉、甘泉、荣恩、货殖等都源于盐池。晋商最初源于盐商，盐产、盐运和盐政的出现促进了运城的发展，形成了中原地区独有的池盐文化、晋商文化和关公文化。

甘肃漳县出产的食盐被称为“戎盐”，秦朝以前这里是西戎部落，后来秦国在此设盐川寨。漳县最初用字为“障”，曾有一段时间改为武阳，最后又定为“漳”，但秦朝时期定下的盐川地名作为别名一直沿用至今。漳县的盐吸引着周边 10 多个省的百姓到此沟通贸易，当地最有名的食盐申请了“漳贵宝”品牌。贾平凹先生在《定西笔记》中生动地记录了漳县盐井镇：

> 说到盐的事，是我们在漳县才知道的。
>
> 路过一个镇子，我看见路边有一座庙，结构简陋，但庙台阶很高，一个老汉就坐在台阶上吃烟，我问：这是娘娘庙还是龙王庙？他说：盐神庙。进庙去看，竟当殿一个古盐井，旁边墙上画着熬盐的画，还有一篇祭文：漳有盐井，郡邑赖之。宝井汲玉，便民裕国。脉长卤浓，涌溢千年。今当疏浚，保其成功。盐井生民，感念神灵。
>
> 这个镇子叫盐井镇，镇上人说：除了古老的两口盐井，即使是别的井，井水打出来做饭，也是从不再调盐的，如果把萝卜埋入水中一个月取出，切丝儿便是咸菜。这里的女人牙白，不用牙膏刷牙牙也白，而老年人没有老年斑。有一种盐是盐锅底裂缝时渗出的盐汁滴在火上成盐晶，盐晶一层层叠摞成人形的，叫盐娃娃，盐娃娃对腹胀胃病有神奇疗效，故而镇上患胃癌的人极少。

翻阅镇上的志书可知，盐井镇在远古时是以陶罐瓦缶煮水制盐，先秦一直到1980年是以铁锅熬盐，1980年至1990年间是以平板锅熬盐，从1990年起才是以真空蒸发罐制盐。志书里有一篇描写当年盐井镇繁华的文字，说是镇里的六条街道从半山通向漳河边，五大专业市场又从河滩伸进街坊：柴草市吞吐大量燃料，人市流动各类能工巧匠，旅店迎送商贾贩卒，商市进出日杂食品，盐市批发各作坊盐品。豫西的货担、晋北的驼队、陕南的马帮，带来了兰州的水烟、靖远的瓷器、关中的土布、湖北的砖茶。围绕盐业，五行八作相继兴起，三教九流大显身手。

（在盐坊里）绞手是在井房里的汲水工，抬手是把盐水抬到各个灶上的送水工，烧手是盐锅的烧水工。而装烟客呢，是以给人点烟为业，手执四尺长的烟锅子整天在各作坊转悠，盐匠们操作在水汽浓重的锅边，双手不得半会儿闲，想过烟瘾了，使一个眼色，装烟客就把烟嘴儿伸进盐匠的唇间，那头随即引燃烟锅。事毕，盐匠顺手抄一搅板水盐抛进装烟客的提篮，装烟客立马便跑到街上卖了换来零钱。在当地把围绕街市小打小闹讨生活的人称为“啃街道的”。

盐井镇的盐数百年都有一个名字叫“漳贵宝”，肯定是庄户人家起的，起得像个人名。如今的真空盐厂是现代化企业，年产量胜过了过去百年，产品叫“堆银”，这好像是哪个文化人给起的名，但“堆银”没“漳贵宝”有意思。

图5　山西运城盐湖

图6　四川罗泉古镇盐神庙

四、星火盐村：基于盐罐的地名命名

地名命名的基本原则是名实相符、取实予名，地名通常从简单的小地名起步，是百姓信手拈来的语言杰作，“两碗乡”“三棵树”“八家子”既形象又接地气，充满了生活气息，大概是中国大多数村庄的最初写照。那些以盐为业、以盐起兴的村庄也是如此，围绕着以盐为中心的生产生活，盐村地名应运而生。

绝大多数沿海行政区都有关于盐的村庄地名，比如《海南地名志》列出了26个盐村名称：海口市的盐灶村、八灶村、上灶村、下灶村；文昌市的盐灶村、盐灶园、盐寮村；琼海市的盐寮村、下灶村；万宁市的盐墩村；儋州市的盐丁村（两个）、新州盐场、三都盐场、木棠盐场、盐灶队；东方市的八所盐场、盐编村；澄迈县的盐丁村；临高县的道灶村；陵水县的盐堆村、盐灶村、盐尽村、灶仔村；乐东黎族自治县的中灶村和莺歌海盐场。除了中部和南部沿海地区没有盐村地名之外，海南岛环海的外围都有盐村。

很多盐村已经随着工业化和城镇化消失了，唯有盐村地名透漏出点滴信息，通过这些盐村地名，我们能够依稀还原出当时生产生活的场景，进而顺藤摸瓜地搜索出与盐相关的历史文化。灶、堆、仓、垛、亭、编、丁、团这些字是盐村地名的常用字：灶通常是小规模家庭作坊煮盐用的工具；堆、垛通常是煮盐烧柴的柴火堆；仓是装盐或其他东西的仓库；亭场是煎盐的地方；编、丁、团等都是根据当地人口而命名的，比如东台境内有很多带“团”字的地名，是因为古时当地的盐灶由各家各户轮流煎煮，因而产生了正团、中心团、杨家团、新团、南垛团、西海团这样的地名。

在江苏省盐城市，现在仍然有“曹丿镇”这样的地名，“丿”本来是汉字笔画，应该读三声，而当地人读地名的时候是一声或轻声。“丿”是煎盐用的敞口铁锅，先煮盐后煎盐，因而产生了有“丿”字的地名，且“丿”字地名之前多加姓氏。

十二圩隶属于江苏省扬州市仪征县，是清朝时期淮盐运转的集散地，这座古镇也被称为食盐之都，系位于运河和长江交汇口的储盐重镇，清朝“两淮盐务总栈”曾移建于此地。当时，世界地图上唯一标出的中国小镇就是“十二圩”。

顺着古盐道，分散着与盐相关的地名，比如：在运城的村落，卸牛坪的意思是盐运到这里完成了任务，要从牛身上卸下来；平头铺村的意思是盐车经历了重重山冈，终于走到了这块平地上，运盐的人和畜可以在这短暂休息，工人将盐重新分装；响铃塆的意思是驼盐牲口脖子上系着铃铛，到这里哗啦啦地响起来，附近的百姓听见后便过来交易。

规模较大的产盐地区特别注意盐业和治水的关系，盐滩通常地势低洼，要时刻注意主水与客水的关系，主水是指盐池或卤井里原有的水，客水主要指外部倾泻的水，要防止客水浸泡盐池。因此，修建堤堰或河渠变得尤为必要，比如《河东盐池总图》中就记录了运城曾修建过72条堤堰。

泰山等名山有山神庙，古代监狱有狱神庙，海边渔村通常有妈祖庙，在盐村还建有我们不太熟悉的盐神庙。古人认为盐业兴旺需要3个要素的和谐共生：风吹、日晒、盐神出面。盐神庙在各地的称呼不同，山西运城叫池神庙，天津叫盐母庙，四川资中叫盐神庙，还有一些地区（如两淮地区祭祀盐神最早的地方泰州）叫盐宗庙。

图7　海南省盐村地名标志

图8　十二圩盐文化馆

盐在欧洲一些地区被称为白金，在古罗马时代，士兵的报酬是可用盐块支付的，现在英语中的工资一词salary便是由拉丁文中的“盐”转变而来。从人类心理的一致性来说，世界各国人民都有一些相同的兴趣和爱好，比如盐逐渐变成了一种文化资本。玻利维亚的乌尤尼盐矿是世界最大的盐矿，被称为“天空之镜”。奥地利的萨尔茨堡（德语Salzburg）以莫扎特和音乐节闻名世界，地名的本义是盐城，salz在德语中就是盐的意思，盐矿曾在这座城市繁盛了几百年，置身地下盐矿博物馆，盐矿的墙壁上仍然是咸的，我们在地名中就尝到了城市特有的味道。

所以，以盐卤为中心，我们可以绘制很多张地名图。地名见证了历史的投影，地方性盐文化在其中生根、发芽。看那码头上独有的“卤”字大旗一展，物质和文化便从一个地方流向了另一个地方。

（作者单位：中国地名学会）

和平与繁华的百年老街——和平大街

杨国辉

和平大街是沈阳市最重要的街路之一，在它的中间有10多米宽的绿化带，这种两块板式的格局，在沈阳众多的街路中，显得格外的与众不同。其实，它的与众不同之处可远不止这一点，在这条贯通和平区南北的百年大街上，还有着太多太多的故事……

和平大街始建于1915年，这是辽沈大地一个多灾多难的历史时期：日俄战争后，日本帝国主义将侵略的魔爪伸向了东北各地，在沈阳，他们将沙俄手中的“铁路用地”改为“南满铁路附属地”，清政府又被迫开辟了“奉天省城商埠地”，建成后的和平大街，正是“南满铁路附属地”和“奉天省城商埠地”的分界线。正是由于所处的特殊位置，使和平大街在建立之初，就注定它的未来会历尽沧桑。

和平大街是在两条平行的路中间修建的。最初，是由一条铁丝网将东西两条街隔离开，铁丝网东为九经路，九经路以东为中国政府管辖的商埠地；铁丝网西为东五条街，东五条街以西为日本人管辖的“南满铁路附属地”。东五条街分为3段：信浓町（今北四马路以北路段）、雾岛町（今北四马路至中华路间）和雪见町（今中华路以南）。

1921年，道路拓宽，铁丝网拆除，填平中间的土沟，栽植树木，形成绿化隔离带，从而使原来平行的两条路并成一条街，这条街因位于日本管辖的势力范围内，使用原街西部的东五条街三段日本名称命名，从北向南依次称为信浓町、雾岛町和雪见町。又因这条街是中、日管理地区的界街，而被称为“协和大街”，民间称之为“国际马路”。

1938年，日伪将“南满铁路附属地”和“奉天省城商埠地”合并为“大和区”，1941年，又从“大和区”划出一部分另设“敷岛区”和“朝日区”。这样，和平大街又成为“大和区”与“敷岛区”“朝日区”的分界线。这一时期和平大街的名称体现了鲜明的殖民色彩，是中国人饱受侵略、屈辱和奴役的见证。

1945 年，日本投降后，为了庆祝抗战胜利，祈望和平，将信浓町、雾岛町更名为和平街，将雪见町更名为清华街。“大和区”也改名为“和平区”。1948 年 11 月 2 日，沈阳解放后，和平大街才迎来了真正的和平。1957 年，清华街与和平街合并为一条街，正式定名为和平大街。1966 年“文化大革命”时期，因破“四旧”，乱改地名人名之风在全国盛行，和平大街被改为“革命大街”，在那个疯狂的年代，和平大街进入了一个灰暗的历史时期。

1978 年，十一届三中全会后，党在各个领域进行了拨乱反正。1981 年，和平大街之名得以恢复。1989 年，沈阳市进行街路名称整顿，将和平大街南、北段分别命名为“和平南大街”和“和平北大街”。

100 多年来，与和平大街有关的故事数不胜数，既有久远的历史，也有文化的交会；既有受压迫的屈辱，也有求解放的奋斗。

在和平大街的两侧，有全国唯一的锡伯族家庙，有皇太极赐建的莲花净土实胜寺，它们积淀了盛京古城的悠悠文脉；有与北京天桥齐名的北市场和南市场，它们体现了老沈阳的市井繁华；有奉天无线广播电台旧址，有沈阳卷烟厂，它们见证了沈阳近代化前进的脚步；有著名的辽宁体育运动技术学院和沈阳市人民体育场，它们见证了辽宁体育的霸气和辉煌；有中共辽宁省委和辽宁省人大常委会，它们确立了和平大街在全省的政治中心的地位。

在和平大街两侧，还有中共满洲省委旧址和东北解放纪念碑，它们时刻提醒着我们，永远不能忘记革命先辈的奋斗和牺牲……

现在，和平大街上汇聚了 60 多家金融机构，如此高密度的金融单位聚集在一条“金街”上，在全国也不多见。和平区政府正在以和平大街为中轴，全力打造辐射东北亚的“金融街”，让这条历尽沧桑的百年老街，焕发出新的活力。

春天的和平大街，京桃绽放，妩媚而妖娆；秋天的和平大街，银杏婆娑，深邃而诗意。过去的 100 年，和平大街的故事更多的是沧桑和砥砺，未来的 100 年，和平大街的故事必将是收获和辉煌。

（作者单位：辽宁省沈阳市和平区地名办）

海南省地名与名人:黄州惠州儋州

张建明

地名工作者都对地名敏感,无论走到哪儿、看到什么都会关注。诗词里有地名很正常,但一句诗词中有3个地名的不常见,用来表示一生际遇的就更是少见了,显得匠心独运。如果用“黄州惠州儋州”为谜面,来猜一个名人,那这个谜底会是谁呢?一定是有历史文化素养和地理常识的人才能猜到。由此我在想,由地名猜名人是多么好的一项活动呀,可以把地理历史和文化有机地结合起来,而且生动有趣。

还是由我来揭开谜底吧,“黄州惠州儋州”是北宋诗人苏东坡先生为常州金山寺里的自画像题的诗词。诗里这样描述:“心似已灰之木,身如不系之舟,问汝平生功业,黄州惠州儋州。”黄州惠州儋州是苏东坡晚年因“诗案”被贬谪的3个地方,北宋时期首都在开封,这3个地方一个比一个远,条件越来越艰苦,环境越来越恶劣。东坡先生少年得志,仕途顺利,无论当地方官还是在朝廷都顺风顺水。但晚年因与王安石改革政见不同,被新旧两党轮番迫害,被迫离乡背井,贬至他乡。不过也正是这3次被贬,使苏老先生亲近了黎民百姓,接了地气,修炼了自己,使自己得到了升华。

黄州是现在的湖北黄冈,从开封到黄州不远只要一个月的时间,苏东坡被贬黄州时,才40多岁,也没当回事,想着没多久就可以回去。东坡先生爱交朋友,平时总是高朋满座,到了黄州是有些不适应的,为了不寂寞,在坡地上开了菜园,研究做菜,做红烧肉,在黄州写了《猪肉颂》这样的大俗之作。大俗才会大雅,在这同时,先生写了《赤壁赋》《赤壁怀古》这样的流芳千古的诗词。

朝廷新党失宠,旧党当政,苏东坡在黄州待了4年,终于被平反召回。可好景不长,苏东坡又得罪了旧党,被贬广东惠州。这时老人家已近六旬,担心自己这次是回不去了，还好岭南的荔枝好，“日啖荔枝三百颗，不辞长作岭南人”，这时先生是随遇而安的，为了改善居住条件，盖起了白鹤新居。有诗写道“报道先生春睡美，道人轻打五更钟”，当朝宰相一听，老先生活得还滋润呀，再贬更远的地方，于是苏东坡又被漂洋过海来到了海南儋州。

虽然对苏东坡来说贬到海南是不幸的，但却是海南的大幸，当时海南被称为南荒，非人所居，人饮河水、坑水，瘟疫流行。先生到儋州后，挖井、采药、当文化使者，传道解惑。在载酒堂，老乡们打些水酒就可聆听先生教诲。在苏东坡来琼后，海南才破天荒地出了一位进士，儋州从此开化。有诗为证：“沧海何当断地脉，朱崖从此破天荒，锦衣不日人争看，始信东坡眼力长。”前两句是先生所写，后两句为先生弟弟苏辙后补的。

如今的儋州已经是海南西部的中心城市，被喻为“千年古郡，魅力儋州”，西环高铁、环岛高速，还有在建机场，交通改善了，不用先生踩着木屐高一脚低一脚地前行了。儋州的中原镇现在还保留着家家户户自写对联的传统，儋州的调声像对歌一样，既可谈情说爱，也可抒发情怀。儋州的美食更是不胜枚举，荔枝龙眼当不输岭南，还有粽子飘香。儋州早变了模样，但儋州人永远会记得千年前来过的一位老人，因为他来之前就没有想再回去，把海南当家了。他在诗中写道“我本海南人，寄生西蜀州，忽然跨海去，譬如事远游”。真想老人家没有走远，时常回来看看。

（作者单位：海南省民政厅区划地名处）

成都市的宽巷子和窄巷子

在清代成都满城的西南角，有两条相邻的胡同叫兴仁胡同和太平胡同，属于当年镶红旗的驻地，因为一条较宽，一条较窄，所以清代就有人将其叫作宽巷子与窄巷子。到了民国时期为满城中的胡同重新命名时，也就将其正式改名为“宽巷子”与“窄巷子”。

在过去的满城之中，宽巷子与窄巷子是并不重要的两条胡同，民国时期也少有达官贵人居住，新中国成立以后也没有机关单位在这里拆除平房改建楼房。正是由于这种长期的平民性使得宽巷子与窄巷子基本上没有大拆大改，到了改革开放之后仍然难得地保持了老成都的旧时风貌，保存了一批具有地方特色的小四合院，而没有一幢高楼，使清代至民国时期的建筑风格完整地保留下来，成了成都市中心最有价值的一片老建筑集中区和最有价值的民俗风物保存区。早在 20 世纪 80 年代，成都市有关部门就决定把宽巷子与窄巷子作为城市的特色文化片区加以保护，将其作为供研究者考察和供旅游者参观的窗口。成都市中心一共保留与保护了4个老成都的特色文化片区(宽巷子与窄巷子片区、大慈寺片区、文殊院片区、锦官驿片区)。相对来讲,宽巷子与窄巷子片区是保护得最好的一处。20多年来,无数参观者到此观光,数不清的影视作品在此拍摄,宽巷子与窄巷子已经成为老成都的一个标志。从2005年开始,成都市有关部门对宽巷子与窄巷子(还加上相邻的井巷子)的大多数建筑进行全面重建,为这一片区铺设现代的各种管网,修建了地下停车场,并对整个街区进行了全面改造。重建之后的宽、窄巷子已经在"5·12"汶川大地震后的2008年6月正式开街,成为老成都文化的展示区和极有特色的文化旅游街区。

我们说宽巷子与窄巷子过去少有知名人士居住,不是说就没有文化名人和知名人士居住。例如著名学者张圣奘和李植、著名民主人士韩文畦、四川师范大学教授郭诚永,还有民国时期成都的恶霸流氓石肇武,就都曾经在这里居住。

(作者单位:四川省成都市民政局区划地名处)

泰州市坡子街

坡子街是泰州的一条老商业街，也是泰州最繁华的一条街道，它在里下河地区远近闻名。它位于纵贯城区的海陵路中段，南起北城门口，北至西坝口，坡子街全长约半华里，老街路面用麻条石铺成，街道拓宽前路宽约4米，狭窄处如遇两辆黄包车交会，交通常为之堵塞。坡子街的北端为揽军楼，旧街道在此分岔：偏东向北为湾子街，通杜家巷和紫藤花架；偏西向北到西坝口，接竹行街、彩衣街、篮子行街，直至赵公桥。昔日，坡子街西侧有店铺100多家，各行业的名牌商店以及银行、钱庄多半集中于此，如鼎盛、大兴昌南货店，胡厚丰、天福绸布店，五云斋茶食店，王同茂、东万泰烟店，洪三泰、方广大茶叶店，德新元药店，晋升裕漆店，功德林茶馆，陆家粉坊等，都是一些老字号。

六七百年前这里还是比较荒凉的。南宋时，这里只不过是挖河填土垫成的一条道埂，南高北低，当时人称“坡子”。

元至正二十五年(1365)，徐达奉朱元璋之命，带兵攻打张士诚的根据地——泰州，因军事需要，由庙湾向南加挖了15里河道，使济川河直通长江口。从此，运输方便了，可是由于河口没有闸坝控制，长江水位过高时，常给里下河地区带来洪水灾害。后来为了防止江水下冲，到了明洪武二十五年(1392)，便在州城北门外下官运盐河的中河(今称“稻河”)和东河(今称“草河”)上，筑起西坝和东坝。自此，上下河被阻隔，来往旅客、货物到此必须过坝，于是北门外客商云集，居民日渐增多，坡子上买卖也逐渐热闹起来。东、西两坝的修筑，改变了泰州城市发展的格局，原在城中昇仙桥一带的商业中心也开始向北转移。当这个坡子发展成店铺林立的街道时，“坡子街”之名就随之叫开了。

坡子街之名究竟始于何时，现今已无人能说得清楚。但可知在明代这里曾叫过“二元坡”。那是因为泰州出了个名叫储山藿的才子，明成化十九年（1483）乡试名列第一，中了“解元”；第二年赴京参加会试，又名列第一，成了“会元”。后来，在坡子上建了“解元坊”和“会元坊”，以为荣耀。两座牌坊，一南一北，跨街而立，人们通常称其为“二元坊”，所以这个坡子也被称作“二元坡”。

坡子街经过300多年的发展，到清代中叶已相当繁荣。虽然在道光元年（1821）和咸丰十年（1860），坡子街曾发生过两次特大火灾，烧毁商店数十家，峙立在街中的“二元坊”也未能幸免，但这里不久又恢复了昔日的繁华。清代金长福有一首《海陵竹枝词》可以为证：

市廛百货灿成行，闽广川湖各擅场。
坡子街前人幅辏，耆老犹指会元坊。

“二元坊”作为坡子街的标志，在历史上延续了300多年。清末在原基础上重建的木质“会元坊”，直到1951年拓宽街道时才被拆除。

如今人们怎么也不会想到，这么繁华的坡子街头，就在揽军楼前，历史上竟是杀人的刑场。每逢处决人犯时，坡子街上的店铺全部关门停业，地方官搭棚设公案于街头监斩。行刑后，听到监斩官回衙的锣声，商店方始重新开门营业。后来刑场移往大校场，在闹市区才不见那令人畏厌的血腥场面。

新中国成立后，由于对私营工商业实行“公私兼顾，劳资两利”政策，鼓励私营企业积极经营，城乡交流活动十分活跃，城乡市场逐步繁荣。随着经济的发展，泰州城市人口不断增加，繁华的坡子街已拥挤不堪。为方便交通、改进市容，1951年将路拓宽至10米，并铺设混凝土路面，成为当时苏北地区的第一条“水泥马路”。考虑到当时农村的独轮车较多，为保护路面，又要方便农民进城，设计者别具匠心，特地在道路两旁距人行道尺许处，镶嵌了一条麻石带，作为独轮车的专用道。坡子街从第一次拓宽到现在，已经有50多年，这段路面依然完好无损。

以后，坡子街两边的商店、建筑，陆续进行改造和扩建，国营副食品商店、中百一店、凤城商场、天福商场等都先后改变了面貌。1970年，泰州第一百货商店移址扩建后，营业大厅门顶上的“三面红旗”，一时又成为坡子街新的标志。在20世纪七八十年代，四乡八镇有不少群众，把“三面红旗”当成了“坡子街”的代名词。

随着城市的加快发展，坡子街已进行了大规模的改造，在这里已经很难寻觅到古街的痕迹，它正以一个崭新的面貌展现在人们面前。

（作者单位：江苏省泰州市海陵区）

知识普及

速度杯·“大美中国”地名故事征文启事

我国历史悠久，幅员辽阔，世代传承的地名之多，堪称世界之最。伴随着中华民族历史的进程而延续不断的地名，积淀了丰富而深厚的文化内涵，是中华传统文化的活化石和宝库，是激发国人乡恋乡愁的最好材料。时逢全国第二次地名普查之际，中国社会出版社、民政部地名研究所、中国地名学会特举办以“挖掘地域文化、延伸历史文脉、抒发乡情乡愁、弘扬大美中国”为主题的“速度杯·‘大美中国’地名故事征文”活动。

一、征文内容

1. 地名的含义、来历和历史沿革。

2. 当地具有悠久历史的地名文化。

3. 与百姓联系紧密、承载浓郁乡情乡愁的地名故事。

二、征文要求

1. 内容丰富精彩、来源可靠。

2. 地名相关故事包括历史典故、名人轶事、民间传说、亲身经历和感情渊源等。

3. 文章体裁不限。每篇不超过3000字。

4. 征文必须为原创，严禁抄袭和侵权。

三、征文时间

征文活动从2017年4月起，截稿日期为2017年12月31日。

四、投稿须知

1. 电子稿件请发送至qhdm_shcbs@sohu.com。

2. 投稿请写明作者姓名、单位、地址、邮编、手机号码。

联系人：魏光洁，联系电话：010-58124851，13641368941

民政部

举行粤澳陆地行政区域界线联合检查合作协议书签字及界线界桩揭幕仪式

2015 年 12 月 20 日，国务院第 665 号令公布了新的澳门特别行政区行政区域图，标志着广东省与澳门特别行政区陆地行政区域界线已经法定。为加强粤澳陆地行政区域界线管理，维护粤澳边界地区和谐稳定，促进粤澳双方合作与发展，2017 年 1 月 20 日，民政部在关闸澳门边检大楼举行了粤澳陆地行政区域界线联合检查合作协议书签字仪式，在粤澳陆地行政区域界线 2 号界桩处举行了粤澳陆地行政区域界线界桩揭幕仪式，并实地考察了粤澳陆地界线界桩设置工作。民政部副部长宫蒲光主持仪式并讲话。国务院港澳办副主任黄柳权、广东省副省长邓海光出席仪式并致辞，澳门中联办副主任姚坚、澳门特别行政区政府运输工务司司长罗立文等出席活动。广东省民政厅厅长卓志强代表广东省在粤澳陆地行政区域界线联合检查合作协议书上签字。

宫蒲光指出，中央政府勘定广东省与澳门特别行政区陆地行政区域界线，是中央从更好地贯彻“一国两制”“澳人治澳”、高度自治方针以及全面落实依法治国、依法治澳的战略高度作出的重大政治决策，充分体现了中央对澳门发展的深切关怀，体现了广东省及珠海市对澳门发展的大力支持。粤澳陆地界线的勘定，从法律上明确了双方施政范围和治理空间，对推进法治政府和法治社会建设，加强依法行政、提高政府效能、优化公共服务具有重要意义。希望粤澳相关各级政府严格遵守、执行、宣传法定界线，在全社会形成认知法定界线、尊重法定界线、遵守法定界线的良好社会氛围。要把陆地行政区域界线勘定作为新起点，加强沟通，密切协作，精心组织，扎实做好界线联检，巩固粤澳陆地界线勘定成果，维护粤澳边界地区和谐稳定，共同促进粤澳双方的繁荣发展。

邓海光表示，广东和澳门血脉相连、情同手足，在中央政府的正确领导下，双方携手应对各种困难和挑战，务实推进各领域互利合作，取得一系列重大合作成果。广东将严格遵守国务院公布的粤澳陆地界线，认真落实双方签订的合作协议，与澳方密切配合，依法管界，努力把粤澳陆地界线建设成为平安线、友谊线、发展线，更好地发挥在促进两地经济社会发展、造福两地民众中的作用，不断开创粤澳紧密合作、共同发展的新局面。

中国地名学会

赴宁夏监理评定地名“二普”工作

2017 年 2 月 12 日至 16 日，受国务院第二次全国地名普查领导小组办公室委托，中国地名学会监理工作组在张清华理事带领下，一行 5 人对宁夏回族自治区石嘴山市惠农区、吴忠市红寺堡区、隆德县、海原县、永宁县的地名普查开展了监理和质量评定工作。

监理工作组在召开的座谈会上，介绍了进行普查监理和质量评定的工作安排。通过听取汇报、调阅地名普查文件及资料、外业实地踏勘等形式，详细了解五个县区第二次全国地名普查工作进展情况。从组织管理、地名调查、地名标准化、地名标志、数据库建设、成果表、检查验收、普查档案 8 个方面，对五个县区的地名普查工作进行了认真细致的科学测评。

张清华理事针对五个县区地名普查情况提出，应采取有力措施，加快地名普查进度。同时，在各县（区）开展地名普查全面自查的基础上，要认真做好地市、自治区的全面核查、验收和成果上报工作，为迎接国务院地名普查办的全面审核、复验做好准备。

在监理过程中，自治区地名普查办李波主任强调，今后务必要在实际工作中将地名普查进度与成果转化利用结合起来，通过创新地名工作，加快推进普查成果转化利用的步伐。通过提高地名法制化、标准化、信息化水平，使地名效益更快地转化为社会效益，更好地为社会提供地名公共服务。

河北省

开创地名档案工作新局面

河北省地名区划档案资料馆为了给“二普”工作提供资料支撑，不断创新服务方式：一是全方位为“二普”提供档案资料。对全省第一次地名普查形成的 152 本《地名资料汇编》进行扫描和全文录入，分别以 JPG 和 Word 两种文档格式存储，总计扫描图片5600余幅，文字录入2000多万字，做到了可以同时向全省“二普”工作提供纸质和电子文本两种形式的“一普”资料。二是编辑出版了《河北政区聚落地名由来大典》。全书450多万字，5万多条地名，为填写地名普查登记表中的地名来历与地名含义，提供了重要佐证。三是向承担“二普”工作任务的公司提供《河北行政区划变更大典》，为填写地名普查登记表中的历史沿革，提供了权威依据。四是征集民国以前的地名资料，编印《河北省第二次全国地名普查参考资料丛书》。已征集到各种图书资料500多册，地图21张（册），复制下发了民国九年（1920）的《大中华直隶省地理志》，年内还将复制《河北省沿革图稿》《河北省行政区划沿革新考》等资料，为“二普”提供了更加多样化的史料。

为了让全社会了解支持第二次全国地名普查工作，弘扬和普及地名文化知识，地名区划档案资料馆积极与《燕赵都市报》联系，在“风骨河北”栏目开辟地名故事专栏，共同举办了“河北民政杯”地名故事有奖征文活动。这次征文活动为“二普”工作营造了良好的社会氛围，提高了地名工作的社会知名度。

调整衡水市部分行政区划

2016年6月，国务院批复同意调整衡水市部分行政区划（国函〔2016〕103号）：县级冀州市改区，区人民政府驻冀州镇冀新西路239号。

调整邯郸市部分行政区划

2016年10月，国务院批复同意调整邯郸市部分行政区划（国函〔2016〕157号）：

1. 肥乡县改区，区人民政府驻肥乡镇广安东路1号。

2. 永年县改区，区人民政府驻临洺关镇洺洲大道25号；原永年县的南沿村镇、小西堡乡、姚寨乡划归丛台区。

3. 邯郸县的河沙镇镇、南堡乡、代召乡划归邯山区，邯郸县的尚璧镇、南吕固乡、兼庄乡、三陵乡划归丛台区。

4. 磁县的高臾镇、光禄镇、辛庄营乡、花官营乡、台城乡划归邯山区，林坛镇、南城乡划归复兴区。（划出的7个乡镇实际由冀南新区代管）

浙江省

杭州市人民政府驻地迁移

2016年9月16日，国务院批复同意杭州市人民政府驻地迁移（国函〔2016〕160号）：杭州市人民政府驻地由拱墅区环城北路318号迁至江干区解放东路18号。

调整宁波市部分行政区划

2016年10月，国务院批复调整宁波市部分行政区划（国函〔2016〕158号）：

1. 江东区并入鄞州区。

2. 鄞州区的集士港、古林、高桥、横街、鄞江、洞桥、章水7镇和龙观乡、石碶街道划归海曙区。

3. 县级奉化市改区，区人民政府驻锦屏街道锦屏南路1号。

安徽省

50个千年古镇古村落列入地名文化遗产名单

2016年下半年，安徽省民政厅联合多部门下发了《关于公布第二批安徽省千年古镇、千年古村落地名文化遗产名单的通知》，公布了长丰县庄墓镇等17个镇、长丰县陶楼乡古城村等12个村为第二批安徽省千年古镇、千年古村落地名文化遗产名单。

据安徽省民政厅区划地名处副处长方耀明介绍，安徽省地域广阔，历史悠久，地名数量众多，地名文化遗产丰富。但是，随着城镇化、工业化的快速发展，大量有重要历史和文化价值的地名不断消失，破坏严重，亟须进行抢救和保护。

对此，从2014年开始，安徽省民政厅、省住房和城乡建设厅、省旅游局、省文物局、省地方志办公室联合在全国率先开展千年古镇、千年古村落地名文化认定保护工作。

据悉，安徽省已有28个千年古镇、22个千年古村落被列入地名文化遗产名单。

方耀明说，开展地名文化遗产认定保护工作，对保护安徽省独特地名文化资源，传承和弘扬安徽历史文化，扩大安徽知名度和影响力，推进安徽文化强省建设、美好乡村建设、旅游产业大省建设具有重要意义。

芜湖市无为县十里墩乡改镇

2016 年 10 月，安徽省芜湖市无为县十里墩乡改镇（芜政秘〔2016〕221 号），镇人民政府仍驻十里社区（原十里墩乡政府驻地）。

调整合肥市包河区部分行政区划

2017 年 2 月，合肥市人民政府批复同意包河区调整部分街道行政管辖范围及新增设街道（合政秘〔2017〕2 号）：

1. 新增设万年埠街道，管辖范围东起上海路，西至广西路，北邻方兴大道，南抵珠江路及巢湖湖面。

2. 调整义城街道管辖范围，将义城街道方兴大道以南、上海路以西、巢湖湖面以北区域划归万年埠街道管辖，其余辖区不变。义城街道办事处仍驻合巢路 24 号。

3. 调整烟墩街道管辖范围，将烟墩街道方兴大道以南、广西路以东、珠江路及巢湖湖面以北区域划归万年埠街道管辖，其余辖区不变。烟墩街道办事处仍驻西藏路 1999 号。

福建省

调整三明市、漳州市部分行政区划

1. 2016 年 7 月 8 日，省政府（闽政文〔2016〕214 号）批复同意三明市清流县赖坊乡改镇。

2. 2016 年 8 月 18 日，省政府（闽政文〔2016〕259 号）批复同意漳州市龙文区步文镇改街道。

江西省

赣州市赣县改为赣县区

2016 年 9 月 14 日，国务院批复同意调整赣州市部分行政区划（国函〔2016〕156 号）：赣县改为赣县区，区人民政府驻梅林镇梅林大街 5 号。

调整抚州市部分行政区划

2016 年 11 月 24 日，国务院批复同意调整抚州市部分行政区划（国函〔2016〕191 号）：东乡县改区，区人民政府驻孝岗镇子山路 188 号。

山东省

调整济南市部分行政区划

2016 年 9 月 14 日，国务院批复同意调整济南市部分行政区划（国函〔2016〕155 号）：县级章丘市改区，区人民政府驻双山街道府前大道 287 号。

河南省

调整许昌市部分行政区划

2016 年 11 月 24 日，国务院批复同意调整许昌市部分行政区划（国函〔2016〕189 号）：许昌县改为建安区，区人民政府驻将官池镇新许路 15 号。

湖北省

探索“互联网 + 地名普查”工作

湖北省地名普查办在开展第二次全国地名普查工作中，认真贯彻《国务院关于积极推进“互联网 +”行动的指导意见》，落实《关于进一步加强地名文化属性信息采集工作的通知》（国地名普查办发〔2016〕11 号）有关要求，结合实际，创新思路，积极探索互联网 + 地名普查工作，并选择宜都市作为省级“互联网 + 地名普查”试点，努力探索地名普查新的思路和方式，做好地名信息核对、地名文化挖掘工作，不断深化试点经验，取得明显成效。

省地名普查办在实际工作中创新思路，实现地名普查“三个第一次”：第一次将“互联网 +”概念引入地名普查。“互联网 + 地名普查”把“红包”等新媒体元素引入地名普查，大大拓展了参与地名普查工作的群众参与面，平台被转发率达到 11%；第一次将开放工作方式引入地名普查。“互联网 + 地名普查”把普查工作从原来封闭的工作方式向开放的方式转化，参与方式简单，推广手段多元；第一次将互动工作模式引入地名普查。“互联网 + 地名普查”让更多的民众有机会了解参与地名普查工作，改变了旧有的行政工作模式，让民众有机会对普查工作提想法、说观点、出主意，提升了地名普查的参与度。

扎实的工作取得了显著的成效，开创了“三个新局面”：开创了地名普查贴近基层、贴近群众、贴近实际的新局面。“互联网 + 地名普查”畅通了地名普查沟通渠道，让地名文化挖掘“从群众中来”，地名信息的修正与核对“到群众中去”，依靠基层群众挖掘地名文化；开创了地名普查开放、透明、互补的新局面。“互联网 + 地名普查”打造了地名普查参与平台，形成政府与民众的信息互补，有效解决了地名来历不明、含义不清、沿革断层等问题，提高了地名普查工作质量；开创了地名普查优化地名采录、地名审核、地名管理的新局面。“互联网 + 地名普查”扩宽了地名普查工作思路，改变了政府部门关起门来搞调查的局面，在地名采录、地名审核、地名管理中发挥了很好的作用，为普查成果转化、普查成果共享、地名管理维护提供了新的工作手段。

全面开展千年古县调研暨地名文化遗产保护工作

湖北是楚文化的发祥地，也是中国县制的起源地之一，有许多千年古县传承至今。为了更好地保护和发掘这些文化坐标，日前，湖北省人民政府办公厅印发《关于开展千年古县调研做好地名文化遗产保护工作的通知》（鄂政办函〔2016〕110 号），全面推进湖北千年古县调研暨地名文化遗产保护工作。

湖北省根据民政部相关标准，确定了 30 个千年古县，这些千年古县的地名承载着地理实体的文化信息，保存着人们对特定自然环境和人文环境的特有认识和思考方式,记录着长期历史进程中形成的价值观和审美理念,是湖北重要的文化遗产。此次开展湖北千年古县调研,做好地名文化遗产保护工作,是推进文化领域供给侧结构性改革的重要任务,有利于摸清湖北地域文化家底,通过挖掘整理和创新转化,唤醒沉睡的历史文化资源,打造具有鲜明地域文化特色的文化精品和新兴业态,为扩大文化有效供给提供基础支撑。

通知明确指出,湖北省千年古县调研暨地名文化遗产保护工作的目标是:系统挖掘梳理该省千年古县(古城、古镇)历史文化资源,丰富完善文史资料储备;加强地域文化创新发展研究;清理整顿不规范地名,建立健全该省地名文化遗产宣传、保护、发掘和综合利用的协调推进机制;加强地名文化保护与建设,宣传推介全省地域文化资源,弘扬荆楚优秀传统文化,推动湖北地域文化的创造性转化和创新性发展;结合文化产业开发,打造一批各具特色的地域文化传承创新试点工程,为文化强省建设开辟新领域、增添新动能。具体工作任务:一是开展千年古县专题调研。二是制定发布地名文化遗产鉴定标准。三是组织地名文化遗产认定。四是建立"千年古县"地域文化创新发展项目库。

通知明确要求,千年古县调研暨地名文化遗产保护工作要按照"统一领导、分工协作、分级负责、共同参与"的原则组织实施。各相关部门要加强组织领导,密切配合,共同做好相关工作。各市、州、县要相应成立千年古县调研暨地名文化遗产保护工作专班,负责组织本行政区域千年古县(古城、古镇)调研暨地名文化遗产保护相关工作。要坚持创新转化,把实体文化遗存的修复保护和非遗传承结合起来,把文史资料编纂与公共文化体系建设、"特色小镇""中国传统村落"及文化产业创意策划结合起来,加强对湖北地域文化的挖掘整理、宣传研究和综合利用,丰富和提升地名文化遗产内涵价值,发挥文化引领功能。

通知还对湖北千年古县筛选情况进行了说明,制定并随文印发了《湖北千年古县调研设计方案》和《湖北千年古县调研参考大纲》。

湖南省

娄底市调整行政区划

2017 年 2 月 15 日,娄底市双峰县蛇形山镇、涟源市水洞底镇划归娄星区。经过行政区划调整后,娄星区现辖双江 1 个乡,杉山、石井、万宝、水洞底、蛇形山

5 个镇，长青、乐坪、花山、黄泥塘、大科、涟宾、大埠桥 7 个街道办事处。

广东省

以应用为导向　扎实推动地名普查工作

地名普查是一项基础性、公益性、战略性的国情调查。为适应经济社会快速发展需要，解决地名管理和服务中的突出问题，提升社会治理能力，广东省地名普查办经过深入调查研究，制定了《广东省第二次全国地名普查地名调查范围的指导意见》：一是地名调查范围要完全覆盖现有 1∶5 万比例尺地形图和第一次全国地名普查的所有地名；要以下发 1∶5 万地形图为基础，对图上地名逐个进行调查，在地形图上进行地名的保留、增、删、改，以形成最终普查成果。二是地名调查范围要满足地名成果转化以及公共服务的需要，各地要结合当地普查能力和实际需要，以更大比例尺地图和遥感影像数据等有关资料为基础，扩大地名调查范围，增加地名普查的数量，为地名普查的成果转化及公共服务提供有力的支持。在省国土部门的大力支持下，省地名普查办下发了 1∶1 万地形图作为普查基础工作用图，并组织力量加强指导，确保既执行好国家标准，又适应加强社会治理需要。实践证明，在开展普查工作过程中，各地党委政府和有关部门高度重视地名普查工作，特别是珠三角地区，要求地名普查要与社区网格化管理、健全大数据等决策统筹考虑和组织实施。广州、深圳、汕头、佛山、东莞、中山等部分地区还采用了 1∶2000、1∶1000、1∶500 等大比例尺地形图或卫星影像图作为基础工作图进行普查。借鉴各地普查试点工作的经验，强调要求各地把地名普查成果数据能与公安、国土、住建、规划、交通等部门的数据实现对接、互联互通、成果共享为导向，扎实推动地名普查工作。在普查采集地名属性方面，地名录音在使用粤语普遍的地区，增加录入当地及标准的粤语发音，使地名普查的成果更符合广东的实际，更适合经济社会发展需要。

设立深圳市龙华区和坪山区

2016 年 9 月 14 日，国务院批复同意设立深圳市龙华区和坪山区（国函〔2016〕159 号）：将宝安区的龙华、大浪、民治、观湖、福城、观澜 6 街道划归龙华区，区人民政府驻观湖街道广场沿河路1号；将龙岗区的坪山、坑梓2街道划归坪山区，区人民政府驻坪山街道深汕公路333号。

广西壮族自治区

调整河池市部分行政区划

2016年11月24日，国务院批复同意调整河池市部分行政区划（国函〔2016〕190号）：

1. 县级宜州市改区，区人民政府驻庆远镇金宜大道378号。

2. 河池市人民政府驻地由金城江区百旺路17号迁至宜州区中山大道6号。

重庆市

调整部分行政区划

2016年11月24日，国务院批复同意重庆市调整部分行政区划（国函〔2016〕185号）：

1. 梁平县改区，区人民政府驻梁山街道桂西路6号。

2. 武隆县改区，区人民政府驻巷口镇芙蓉中路9号。

四川省

调整成都市部分行政区划

2016年11月24日，国务院批复同意调整成都市部分行政区划（国函〔2016〕186号）：郫县改为郫都区，区人民政府驻郫筒街道望丛中路998号。

云南省

调整昆明市部分行政区划

2016年11月24日，国务院批复同意调整昆明市部分行政区划（国函〔2016〕187号）：晋宁县改区，区人民政府驻昆阳街道郑和路365号。

陕西省

调整西安市部分行政区划

2016 年 11 月 24 日，国务院批复同意调整西安市部分行政区划（国函〔2016〕188 号）：户县改为鄠邑区，区人民政府驻甘亭街道东街 7 号。

宁夏回族自治区

中卫市沙坡头区政府成立

2016 年 8 月 19 日，沙坡头区政府正式挂牌成立，标志着该区以市辖区行政建制模式独立运行。

银川市西夏区设立怀远路街道

2016 年 9 月，自治区政府（宁政函〔2016〕82 号）批复同意银川市西夏区设立怀远路街道。